古生物学者と40億年

泉 賢太郎 Izumi Kentaro

★――ちくまプリマー新書
455

目次＊Contents

はじめに……9

第一章　古生物学とは……13

ロマンあふれる学問!?……13

古生物学と言えば恐竜？／太古の世界に魅了され／化石という実体に魅せられる人／古生物学が何をやっているかイメージしづらい

化石と古生物……30

化石とは何か／化石として残らなかった古生物が多い／化石と地層の関係／地層とは必ずしもきれいなミルクレープ状ではない／化石発掘のフィールドワーク／化石を発掘してからが始まり／化石発掘の前に勝負の大半は決まっている!?／直接観察できないけれど……／どこに再現性が必要か／真実はわからないが確実に進歩している

第二章　地層から古生物学的な情報を読み解く難しさ……65

地層の情報を読み解くには……65
斉一説／地層累重の法則／同じ層でも不均質
バイアスがいっぱいある……79
古い年代の地層ほど少ない／調査努力もバイアスに／岩相依存性／年代測定はどこでもできるわけではない／時間スケール問題

第三章　古生物学の基礎知識

第三章　古生物学の基礎知識……101
疑問だらけの大前提……101
軟組織も化石になることが!?／やはりまだまだ、疑問だらけ／魚の腐敗実験からわかったこと／化石化にかかる時間はどれくらい？／どのくらいの生物が化石として残されているのか
化石化のプロセスが、難しくすること……137
死に場所と化石化する場所／化石は元の形のままではない

第四章　化石から「わかること」とは……？……159

疑問は多いがわかることもちゃんとある……159

存在確認／化石を見つけるにはセンスがいる⁉／逆は必ずしも真ならず／時間的変遷

化石から地層の情報を抽出する……174

地層の形成年代／地層の形成環境／まだまだわかる、地層の形成環境／陸域環境の代理指標

第五章　化石を研究しない古生物学者……185

古生物の生物学的側面を考える……185

ブラックボックスをグレーボックスにする努力／そうだ、生き物を見よう／化石目線で生き物を見る／個体差という「幅」／性別や成長に伴う差異／「0 or 1」と「0〜1」／成長に応じた形状の変化

形態学的な情報だけでなく…………212

隠蔽種かもしれない？／化石目線で遺伝子を読む／現生個体と化石個体／数理モデルというアプローチ

第六章 古生物学の研究はブルーオーシャン……227

古生物学の将来……227
研究対象の幅と研究者人口／誰も歩いていないデコボコ道vs.ひしめき合ういばらの道／研究者の多様性

未来の古生物学者へ……236
古生物学はブルーオーシャン／古生物学者を目指すモチベーション／古生物学者の多様性を増やすには

あとがき……245

参考文献……251

イラスト　たむらかずみ

はじめに

本書は古生物学に関する本です。しかしおそらく、イメージするような古生物学の本ではないかもしれません。恐竜。化石発掘のフィールドワーク。古生物学の研究のイメージの大半は、この二つに関するものだと思います。

古生物学に携わる身としてはありがたいことに、古生物学はファンの多い学問分野だと感じます。日常生活でも、マスコットやデザインやおもちゃやお菓子など、身の回りのあらゆるところに恐竜が登場します。古生物学という用語自体は認知度が低いですが、恐竜という言葉を聞いたことがないという人はいないでしょう。

また、古生物学の主要な研究対象である化石も、「ロマン」という用語と無縁でいることは難しいでしょう。何万年前、何百万年前、いや、ときとして何億年前という、遥か昔に地球上に生息していた生き物の痕跡を、直接手に持って観察することができるのです。まさに文字通り、太古からの贈り物。ロマンを感じるなというほうが無理な話かもしれません。

「昔は恐竜がいた」――これは、毎年日本中の注目を集める漫才コンクール・M－1グランプリの2023年大会の王者に輝いたお笑い芸人の令和ロマンさんのネタの中の一言です。私もこの大会をテレビで見ていましたが、この言葉を聞いたときに、ハッとしました。自分の中でも当たり前すぎて忘れていたことが、バチッと再認識できたのです。古生物学に関する講演会などでお話をするときに、ほぼ必ず恐竜の話題を紹介しますが、そもそも昔は恐竜がいたということは、恐竜の化石が見つかっていなければ人類は知ることができなかったわけです。

職業柄、恐竜や化石の話題が当たり前になり過ぎているので、文字通り、化石がなければ仕事ができない状態になっているのです。だからこそ、恐竜の化石がたくさん見つかっており、昔は恐竜という生き物がこの地球上に生息していたということに対する純粋な驚きや憧れを、忘れかけてしまっていたのかもしれません。

古生物学は、面白い。本書を通して一番お伝えしたいことです。でもそれは表面的な、面白さのことではありません。古生物学の研究成果だけでなく研究現場の様子や古生物学者の頭の中を垣間見ることで、ロマンあふれるイメージの裏に潜む苦悩や希望といった、古生物学という学問の人間的な側面が見えてきます。一筋縄ではいかず絶望することも多いですが、でもだからこそ、古生物学は面白いのです！

それではここから、そんな古生物学の世界にご案内します。お楽しみいただければ幸いです！

第一章　古生物学とは

ロマンあふれる学問⁉

化石と聞いて、みなさんはどのような印象をお持ちでしょうか？　ダイナミックで迫力のある恐竜を、真っ先に思い浮かべる方が多いかもしれません。アノマロカリスやオパビニアなど、今生きている生き物とはまったく異なる姿かたちをしている不思議な古生物も人気がありそうです（図1－1）。もしくは、過酷なフィールドに出て黙々と化石発掘をしているようなシーンを連想した方もいるかもしれません。

個人的には、化石と聞くと恐竜をイメージする人が多いと思っていたのですが、必ずしもそうではないかもしれないことを示唆する興味深い調査結果が最近公表されました。それは、中学生を対象としたアンケート調査を実施した研究です。この研究の結果によると、「知っている化石の名前をできるだけ多く挙げてください」という質問に対する回答率で最も高かったのは、恐竜ではなくアンモナイトでした。どうやらフラッグシップ的存在の化石というのは、アンモナイトということになりそうです。恐竜の場合は認知度そのものは圧倒的ですが、それゆえ恐竜をモチーフにしたグッズやエンタメ作品なども多く、「キャラクター感」が強くて「化石感」が乏しいのかもしれません。

そもそも、化石とは一体どのようなものなのでしょうか？　化石燃料という用語はよく耳にしますし、文脈によっては「古臭い」「時代遅れの」というネガティブなニュアンスで使用されることもあります。このように、日常生活の中でも知らず知らずのうちに使っている用語ですが、きちんと学術的にその定義を説明しようとすると、言葉に詰まってしまうかもしれません。

端的に説明するのであれば、化石とは、過去の地球に生息していた古生物の遺骸や活動の痕跡が地層の中に残されたものです。そのため、化石に注目することによって、今は絶滅してしまった古生物の生態や生命進化の歴史、さらには地球環境の変動の歴史までをも紐解く（ひもとく）ことができるのです。

例えば、最も有名な恐竜と言えば文句なくティラノサウルスですが（表1－1）、そ

図1－1　化石というと、トリケラトプスやティラノサウルス、アノマロカリスなどを想像するだろうか

表1－1　恐竜人気ランキング（Google 検索によるヒット件数。2024年1月23日検索）

順位	種類	検索ヒット件数（万件）
1	ティラノサウルス	841
2	ヴェロキラプトル	487
3	トリケラトプス	275
4	カムイサウルス	188
5	スピノサウルス	163
6	アンキロサウルス	125
7	ステゴサウルス	111
8	ブラキオサウルス	99.5
9	ギガノトサウルス	69
10	アロサウルス	58

もそも過去にティラノサウルスという恐竜が存在していたという事実は、当たり前のようですが、ティラノサウルスの化石が見つかっていなければ誰も知ることができません。それだけでなく、ティラノサウルスが非常に大型の肉食恐竜であったことや体の一部に羽毛が生えていたらしいことなども、化石を調べることでわかってきたのです。こう考えると、なるほど、何やらワクワクします。なにせ今の地球には、ティラノサウルスほど大きな陸上動物は存在しません。それに加えて、ティラノサウルスは遥か昔に絶滅してしまっているので、今は生存していません。過去には間違いなく生息していた生き物であるにもかかわらず、絶滅してしまっているので、生き物としての実体はかなりの部分が謎に包まれているというのも、ワクワクや想像力を掻き立てるので、ロマンを感じる重要な要素になっているはずです。

　前述のように、化石は元々は必ず地層の中に埋まっています。実はその地層もまた、情報の宝庫なのです。地層を構成している鉱物の種類を調べたり、あるいは地層の化学成分などを分析したりすることで、過去の地球環境を知ることができます。そして、地層の中には肉眼では見えないくらい微小な化石も含まれています。そのような微化石も、過去の地球環境を知る上で非常に重要な手がかりを与えてくれます。

例えば、ティラノサウルスは白亜紀と呼ばれる地質年代に生息していた恐竜です。白亜紀の頃の地球環境は、実に今と異なる環境であったことが知られています。現在は極域に氷床が存在しており、地球の歴史の中では比較的寒冷な時代ですが、白亜紀は今よりだいぶ温暖で極域に氷床が存在していませんでした。このような知見は、地層の中に含まれる有孔虫（ゆうこうちゅう）と呼ばれる微化石を化学分析することで明らかになったものです。太古の地球環境が今とはまったく異なっていたという事実も、やはりワクワクします。このように考えていくと、化石だけでなく、過去の地球の様子を記録している地層もひっくるめて、ロマンを感じる対象になりそうな気がしてきます。

そんな化石や地層を主要な研究対象として、生命進化や地球環境の歴史を明らかにすることを目指す学問が、古生物学です。したがって古生物学はしばしば、ロマンあふれる学問だという印象を持たれることがあります。

古生物学と言えば恐竜？

「○○地域から新種の恐竜化石を発見」というニュースは、数ある古生物学の研究の中でも、特に心躍るものがあります。また、研究対象の化石を入手するために、ときには海を越え山を越え、遠く離れたフィールドに出向いて野外調査をすることもあります。これは、冒険家さながらのダイナミックでアクティブなイメージがあります。あるいは、このように苦労の末に入手した化石を丹念に研究し、ベールに包まれていた古生物の暮らしや過去の生態系の様子を明らかにしていくさまは、研究者であってもなくても、化石や古生物学に興味を持っている人であれば間違いなくワクワクを掻き立てます。

このように整理してみると、なるほど、確かに古生物学というのはロマンあふれる学問のように感じます。私自身、古生物学の研究に携わって約15年が経ちますが、研究をすればするほど古生物学の面白さがどんどん見えてきて、今ではもう戻れない状況になってしまいました。「古生物学者の人がそう言うんだから、やはり古生物学とはロマンあふれる学問なんだな」と思った方は、ちょっとお待ちください！　一文戻って、改めて文章を読んでみてください。実は私は一言も「古生物学とはロマンあふれる学問だ」

とは言っていません。言葉尻を取るようで申し訳ないのですが、私が「古生物学は面白い」と感じていることは事実です。ただし、その「面白い」という感情が、ここまで述べてきたような一般的な意味での「ロマン」に起因するのだろうか……？　と自問すると、一抹の「もやっと感」のようなものを感じます。

その「もやっと感」の正体とは何なのでしょうか？　現時点で私が思うに、古生物学という学問に対する一般的なイメージと、実際の古生物学の研究現場の様子との間に存在するギャップに起因するものです。本書を通して紹介するように、古生物学の研究は実際にはとても多様です。したがって、古生物学のどのような側面を切り取るかによって、印象は変わってきます。

本書は、古生物学のロマンあふれる研究成果だけをピックアップしてダイジェスト的に紹介するような本ではありません。むしろ、古生物学者が普段どのようなことを考え、どのような研究を行っているのかという研究現場の様子が可視化されるような本を目指しました。ここでどうか、「なんだ、そうなのか……思ってたのと違うな」と本を閉じないでいただきたいのです！

本書の真の意図は、古生物学者の頭の中や古生物学の研究現場の様子を赤裸々に紹介することで、古生物学の研究というのは実に多様で、かつ人間味あふれる文化的な営みであることを感じ取っていただきたい、というところにあるのです！

願わくは、本書を通して、これまで古生物学に対して持っていた「ロマンあふれる学問」という漠然としたイメージから、「ロマンはある、だが難しい、だからこそ学問としても面白い」という、より具体的なイメージへと変化していますように……。

太古の世界に魅了され

古生物学者が普段どのようなことを考え、どのような研究を行っているのかという研究現場の様子が可視化されるような本を目指したい、と大々的に宣言したものの、私自身も実際に古生物学の研究に携わる前までは、一般的な意味での「ロマンあふれる学問」という漠然としたイメージしか持っていなかったことは事実です。物心ついたころには、太古の地球や太古の生物に対する漠然とした憧れやワクワクを抱いていたことは今でも覚えています。

きっかけは、自宅にあった学習図鑑でした。残念ながら、その図鑑の出版社や書名といった具体的な情報については記憶から忘却されてしまいました。とにかく子どものころには、自宅には「魚」「植物」「昆虫」などさまざまな種類の図鑑があり、そのうちの一つに、地球と生命の歴史に関する図鑑がありました。図鑑を眺めるのは総じて好きでしたが（今でも好きです）、なぜかはわかりませんが、中でも特に地球と生命の歴史に関する図鑑にもっとも強い興味を持ち、何度も見ていました。その図鑑の中には、カンブリア紀、デボン紀、ジュラ紀、白亜紀など、地質年代（245ページ参照）ごとにページが分かれており、その当時の地球の環境や生き物の様子が描かれていました。幼少期の私は、過去の地球が今とはこんなにも異なり、そして過去の地球上に生息していた生き物もまた、今とは大きく異なるのだということに心を躍らせていました。そう、まさに太古の世界に魅了され、ロマンを感じていたのです。

ここまでは単に私個人の経験でしたが、もう少し一般化して考えてみましょう。自然科学系の諸分野と比較しても、古生物学は興味を持つ人の割合が高い分野だと思います。もう少しライトな言い方をすれば、古生物学はファンが多い分野だということです。判断基準の一つとして、子ども向けの学習図鑑のラインナップを見てみましょう。いくつか大手出版社がありますが、出版社を問わず、昆虫図鑑や恐竜図鑑の人気ぶりは目を見張るものがあります。恐竜図鑑以外にも、(出版社ごとに呼び名は若干異なるものの)古生物に焦点を当てた図鑑もあります。さらに、地球の図鑑や、岩石・鉱物・化石の図鑑なども存在し、これらの図鑑ではメインではないものの、化石や古生物についても紹介されています。

私が子どもだったころに比べて、今の図鑑はずいぶんとラインナップが増えている印象ですが、それでも自然科学の分野の総数からみると、図鑑のジャンルとして一本立ちしている分野の数は驚くほど少ないのが現状です。ちなみに、日本の科学研究費助成事業の審査区分表を見る限り、どの区分を自然科学に含めるかにもよりますが、ざっと100以上の分野はありそうです。それに対して、出版社問わず図鑑のジャンルとして一本立ちしている分野(自然科学系)は、昆虫・植物・魚・動物・恐竜・古生物・地球・深海など、ごくわずかです。

古生物学がファンの多い分野であることのもう一つの判断基準として、自然史系博物館での企画展・特別展に注目してみましょう。小中学校の春休みや夏休みに合わせた時期は、全国各都道府県の自然史系博物館では、企画展や特別展のシーズンです。企画展や特別展とは、特定のテーマに絞った期間限定の展示のことです（通常の展示は常設展と言います）。全国の状況を見てみると、毎年のように、どこかしらの博物館で恐竜に関する企画展や特別展が開催されています。また、特定の博物館に注目しても、古生物学のファンの多さを裏付ける証拠が得られます。例えば東京・上野にある国立科学博物館は、日本で唯一の国立の自然史系博物館です。国立科学博物館のウェブサイトを見ると、過去の展示の情報が掲載されています。例えば直近20年間に開催された特別展の情報を見てみると、おおよそ2〜3年に1回の頻度で、古生物学に関する特別展が開催されています。そしてご想像の通り、そのうちの多くは恐竜をテーマにした特別展です。改めて、古生物学（特に恐竜）に関する特別展は、それだけ集客が見込める（＝ファンが多い）ということが窺（うかが）えます。やはり、太古の世界に対するロマンやワクワク感を感じる人が、かなり多いということでしょう。

さて、これまでの経験上、古生物学に興味を持つことになるきっかけは大きく二つに区分できそうです。一つ目は、私のように「太古の地球」や「太古の生物」に興味を持つというパターンです。ただしここでいう太古の世界というのは百年前とか千年前といったスケールではなく、百万年前とか一千万年前とか一億年前といった時間スケールです。このように、人類がそもそも出現する前の遠い過去の出来事は、直接観測することができません。したがって図鑑に描かれているのは、人類が直接見聞あるいは伝承した記録に基づく再現図というわけではなく、何か別の証拠（＝化石や地層）に基づく想像図ということになります。そのため一般的な意味で言うところの「真実」と一致するとは限りません。直接見聞した記録を基にした描画であれば、真実を表していると言っても良さそうですが、間接的な証拠に基づく描画は、いわば「真実に近いと皆が思っている世界観」と表現したほうが良さそうです。したがって、本書では「世界観型のきっかけ」と呼ぶことにします。これには、図鑑だけでなく、例えば『ジュラシック・パーク』などのエンタメ作品がきっかけとなったというパターンも含めることができそうです。

化石という実体に魅せられる人

二つ目は、「化石」そのものに興味を持つというパターンです。博物館などで化石を見たり、あるいは近隣で化石を発掘したりするような経験を通して、化石に興味を持ち、ひいては古生物学への興味に繋(つな)がるという流れです。化石というのは、図鑑やインターネットなどで画像として見ることが多いかもしれませんが、自らの手で直接触れることもできます。そのため化石は概念ではなく、実体のある物質です。したがって本書では、二つ目のパターンを「実体型のきっかけ」と呼ぶことにします。

興味深いのは、今目の前の世界に生息している多様な生き物たちへの興味がきっかけとなって古生物学に興味を持つというパターンは、知る限りかなり稀(まれ)であるということです。現在地球上に生息している生き物は、進化の結果として過去のある時点に出現したものです。したがって、例えば「なぜこんなにも多様な生き物がいるのだろう?」など、生き物に関する「なぜ?」という疑問の多くは進化の歴史とも関係しており、その点で過去の出来事と無縁ではないはずです。私自身は生物学者ではないですが(＝生物学の専門教育を受けていないという意味)、後述する通り、古生物学的な視点で生き物を採集したり飼育したりしています。そうすると、目の前の生き物の生理状態や特定の行動の原因など、ちょっとした疑問がどんどん湧き出てきます。それらの多くが過去の研究によって解決済みであればいいのですが、残念ながら（一部のモデル生物を除いて）わかっていないことのほうが多いのです。目の前にいるからといって、私たちがすべてを知ることができるわけではないのです。そんなわけで、目の前の生き物を見て、過去に遡って古生物についての興味が芋づる式に湧き上がるところまで行きつくことは、おそらく困難でしょう。その前に、目の前にいる生き物についての疑問点や不思議なことなど、気になるところが満載なのです。

古生物学が何をやっているかイメージしづらい

さて、脱線してしまったので話を戻します。実際に古生物学の研究に携わる前までは、古生物学とは「ロマンあふれる学問」という漠然としたイメージしか持っていなかったという話でした。ただし今から振り返ると、「ロマンあふれる学問」という漠然としたイメージしか持てなかったというほうが正確なのかもしれません。というのも、（これは今でもそうですが）古生物学者と呼ばれる人の数は少なく、化石や古生物学に興味があったとしても、古生物学の研究現場の様子を実際に古生物学者から直接見聞する機会は滅多にないからです。何事も同様でしょうが、興味を持っているけれどもまだ自分では始めていないということがあるとき、具体的なイメージを持つためには、まずは実際にそれに取り組んでいる人から話を聞くのが最も効果的です。しかし、こと古生物学については、これはあまり現実的でないかもしれません。

古生物学者の定義次第ですが、古生物学者の人数は、おそらく日本全国で数百人といったところでしょう。多めに見積もっても千人に到達するかどうか、という程度の人数です。簡単に計算するために日本の人口が1億人で古生物学者が千人だと仮定して、さらに他者との出会いが完全にランダムだと仮定すると、簡単な確率の問題として考えることができます。例えば、次に出会う人が古生物学者であるという確率は、わずか0・001％です。さらに進路選択という観点から高校卒業までの出会いが大事だとして、高校卒業までに（すれ違うとかではなく話をするという意味で）2千人に出会うと仮定しましょう。このとき、（のべ2千人と出会ったにもかかわらず）一度も古生物学者に出会わない確率は、約98・02%と計算できます。このように、完全ランダムというやや非現実的な仮定での計算ではありますが、高校卒業までに古生物学者と一度でも出会えるのは、100人に2人くらいです。もちろん、実際には古生物学に興味があれば、自分でいろいろと調べたり、最近ではオンラインの講演などもずいぶんと増えてきたので、画面越しであっても積極的に情報を収集することで、古生物学者に出会える確率を戦略的に上げることは可能でしょう。

また、古生物学者に実際に出会わなかったとしても（確率的にはこっちの人のほうが断然多い）、本やインターネットなどから古生物学に関する情報を集めることは可能です。ここ最近は、体感的にも、化石や古生物学に関する本（専門書ではなく幅広い世代が楽しめるような本）がずいぶんと増えている印象です。さらに、よく聞く話ですが、インターネットの普及によって平均的には情報を得やすい社会になったことも追い風です。あることを知りたいと思って、インターネットを使うのと使わないのとでは、天と地どころの表現では表しきれないくらいの圧倒的な差が存在します。今では、インターネットがあまりに普及しすぎて、何かを調べるときに「ネットNG」となった場合に、そもそもどうやって調べていいのか、その調べる方法もインターネットで調べたくなってしまうが使用NG……という無限ループが発生してしまうことでしょう。

ですので、この情報社会の現代であれば、何かのきっかけで古生物学に興味を持ったときに、古生物学の研究現場なんて簡単に調べられる、と思うかもしれません。ところが、実際には思ったほど情報が出ていないという印象があります。化石や古生物学に関する本やインターネット上の情報は、昔よりも増えてきたとはいえ、その多くは化石採集の情報であったり、あるいは古生物学の研究成果をダイジェスト的に伝えるような情報であったりするようです。つまり、依然として「古生物学の研究現場」を知る機会は、限られているのです。

ここでの話をまとめると、古生物学の研究は球のようなイメージで例えられるかもしれません（図1-2）。球の表面が、研究成果に相当します。今日では本も増え、インターネットも普及しているので、私たちはかなり容易に研究成果を知ることができます。しかし、どのようにしてその研究成果が得られたのかについては、驚くほど情報がありません。すなわち、球の中身（＝研究現場の様子に相当）については、ほとんど見えていない状態なのです。野球のボールやサッカーボールを思い浮かべてみてください。表面の模様や色や触感はイメージできても、ボールの中身が何でできているのか、どのようにボールが作られるのか、ということについては、ほとんど知られていないのではないでしょうか？　何を隠そう私も野球ファンですが、野球のボールの中身を直接見たことはありません。

本書は、微力ながらこのような現状を少しでも改善したい、という気持ちが根底にあります。繰り返しますが、古生物学はファンが多い分野です。ですので、いざ古生物学に興味を持って古生物学の研究の実態を知りたいと思ったときに、本書がほんの少しでも役に立てば……そんな暑苦しすぎる私の想い（おも）とともに、いましばらくお付き合いいただければ幸いです。

化石と古生物

さて、ここまでで化石や古生物という用語が何度も登場してきました。実は両者が意味するものは異なるのですが、これまでは話の流れに横槍（よこやり）を入れないように、両者を明

目に入ってきやすいのは表面（研究成果）のみ

球の中身（研究現場の様子）は見えにくい……

図1－2　球の表面は見えるが、球の中身はまったく見えない

示的に比較した状態での用語説明を（半ば意図的に）避けてきました。ここで改めて、化石と古生物という用語について整理していきます。

化石とは何か

化石とは、過去の地球に生息していた古生物の遺骸や活動の痕跡が地層の中に残されたものです。化石は大きく2種類に区分され、恐竜やアンモナイトなど古生物そのものの痕跡を体化石、足跡や巣穴や糞の化石など古生物の行動の痕跡を生痕化石と呼びます。また、生物起源の有機

化合物が地層中に残されたものについても化石に含むことがあり、それらは分子化石といいます。なお、習慣的には1万年前よりも古いものを化石と呼ぶことが多いです。

ただしこの数字については、あくまで目安です。貝化石を例にとって考えてみましょう。ちょっと性格の悪い奴と思われるかもしれませんが、９９９９年前に死んでしまった個体の貝殻と、１０００1年前に死んでしまった個体の貝殻があったとしましょう。そうすると、死亡時期はたった2年しか変わらないのに、前者は化石ではなく、後者は化石となるのでしょうか？ 人によるかもしれませんが、多くの古生物学者は両方とも化石だと認識すると思います。繰り返しになりますが、「1万年」というのは、あくまで目安なのです。実際には、1万年より若くても状態が悪いものもありますし、1万年より古くても状態が良いものもあります。

化石として残らなかった古生物が多い

次に古生物について考えていきましょう。「化石」と「古生物」という言葉は、同じような文脈で登場するので混同されることもありますが、厳密には両者は異なります。

化石は、体化石であっても生痕化石であっても、そしてもちろん分子化石であっても、元々は必ず地層の中に含まれています。一方の古生物は、過去の地球上に生息していたあらゆる生物を指す用語です。死後に跡形もなく分解されてしまうと、化石にはなりません。化石として残されるのは、古生物のうち、ごくごく一部なのです。このような関係性があるので、化石や地層を主要な研究対象として生命進化や地球環境の歴史を明らかにすることを目指す学問は「化石学」といわずに、「古生物学」というのです。

つまり、私たちが化石や地層を通して知ることができる過去の地球環境や生命進化の記録は、決して完全なものではないのです。化石として残らなかった古生物については、残念ながら知るすべはありません。そしておそらく、いや、ほぼ間違いなく、すべての古生物のうち、化石として残らなかった古生物の割合のほうが(化石として残された古生物に比べて)圧倒的に高いと思われます。この点については、後ほどもう少し踏み込んで考えます。

化石と古生物のこのような関係があるので、古生物学は他の自然科学系の学問分野と比べると、知見のアップデートが目立ちます。恐竜図鑑を例にとって考えてみましょう。

一昔前（例えば30年前）の図鑑と最近の図鑑とでは、登場する恐竜のラインナップや恐竜の生体想像図など、いろいろと変わっているところが多くあります（図1－3）。古生物学に関する図鑑や本などで紹介されている内容は、あくまでその時点での「最も可能性が高い仮説」です。もちろん、他の学問分野であっても同様です。ただし古生物学の場合は、化石として残された古生物の割合が極めて小さいため、新しく発見された一つの化石が、これまでの古生物学のスタンダードな知見をガラッと変える……ということすら、割と普通に起こるのです。古生物学の研究成果を見聞する際には、古生物学ならではのこのような性質を常に頭に入れておくとよいでしょう。

化石と地層の関係

化石は、本来は必ず地層の中に埋まった状態で存在しています。体化石であっても生痕化石であっても、もちろん分子化石であっても、です。では、なぜ化石は地層の中に入っているのでしょうか？　これは、化石の成り立ちを考えると、必然の結果です。ここでは、フラッグシップ的存在の化石であるアンモナイトを例にとって考えてみましょう（図1－4）。

アンモナイトは海洋生物なので、過去の海が舞台になります。アンモナイトは死んでしまうと、多くの場合は、いずれ海底に沈むでしょう。海底には砂や泥（まとめて堆積物と呼びます）がゆっくりと降り積もるので、遺骸は徐々に堆積物の中に埋もれていきます。その過程で、筋肉や内臓などの柔らかい部分（軟組織）は他の動物に食べられた

図1－3　研究が進むと、恐竜の生体想像図はどんどん更新されていく

り、自己融解（死後、細胞や組織などが、自己の酵素によって分解されて柔らかくなってしまう現象）を起こしたり、あるいは微生物によって分解されてしまいます。しかし、殻や顎器などの硬い部分（硬組織）は残ることがあります。

海底の堆積物は、熱や圧力を受けてゆっくりと固結し、いずれ地層になります。その際に硬組織が運よく破壊されなかった場合にのみ、体化石として地層中に残されるのです。ただしこの間に、さまざまな化学反応が起こって硬組織の成分が変化したり、新しい物質ができたりすることもあります。

こうしてみると、化石として手元にあるアンモナイトは、実はなかなかに前途多難な道を歩んできたようです。しかし、まだこれで終わりではありません。このままでは、海底下の深いところでアンモナイトが化石になったものの、私たちが入手できない場所にあるので、化石として出会うことはできない状態です。さらに長い時間をかけて、大地が隆起するなどの地殻変動を受けて、海底下にあった地層が陸上に現れることがあります。それでもこのままでは、まだ発掘できません。なぜなら、地層自体は陸上に現れたものの、その中に埋まっているアンモナイトの化石を陸上から目視で発見することはできないからです。陸上に現れた地層が、その後さらに長い時間をかけて、河川や風雨などによって徐々に浸食されることも重要です。このような作用により、地中深くに埋まっていたアンモナイトの化石の一部が、地表から顔を出すのです。あるいは、地表ギリギリの位置にまで迫ってきていてもＯＫです。このような状態になって初めて、陸上にいながらにして、過去の海洋生物の化石を発掘して入手することが可能になるのです（図1－4）。こうしてみると、私たちの手元に化石があるということは、まるで古生物

図1－4　化石ができるまで。基本的に軟組織は失われ、硬組織だけが残る

の時空を超えた旅の結果とも言えるでしょう。

うん、確かにこれはロマンあふれる気がします……。いや、間違いなくロマンあふれています。私たち古生物学者は、日常的に化石と触れあっているので、化石が当たり前の存在になり過ぎています。大げさではなく、文字通り、化石がなければ仕事ができないという古生物学者は多いのです。そのため、ともすれば古生物学者は化石の成り立ちを「深く」考える機会が少なくなっているのかもしれません。改めてしっかりと化石の成り立ちを考えると、私も確かに「すごいことだなあ……」と感慨深い気持ちになります。

と、ここまで化石の成り立ちについて見てきた中では、半ば必然的に化石の側（＝遺骸の側）にフォーカスを当ててきました。しかし、ここで一度立ち止まって、改めて、図1－4を見てください。そうすると、遺骸は「しれっと」砂や泥などの堆積物の中に埋まっていましたね。さらに海底の堆積物は、「しれっと」熱や圧力を受けてゆっくりと固結して、いつの間にやら地層になっていましたね。このように、化石と地層は、文字通り「切っても切れない」関係性があるのです。したがって、地層を考えることなくして化石を考えるということは、ほとんど意味をなさない行為になってしまいます。そうなってくると、次に気になってくるのは地層についてです。本書ではこれまでに何度となく「地層」という用語が登場してきましたが、やはり明確な用語説明は（半ば意図的に）避けてきました。というのも、化石と地層をセットで順序だてて紹介した方が効果的だと考えたためです。前節で化石について説明しましたので、いよいよ地層についても紹介する準備が整いました。

地層とは必ずしもきれいなミルクレープ状ではない

地層とは、広範囲に分布する堆積岩（たいせきがん）からなる岩体のことを指します。堆積岩とは、主に砂や泥、火山灰などの堆積物粒子から構成される岩石です。このような堆積物粒子は、水や風によって運ばれると、多くの場合は海底に降り積もっていきます。そして海底などに集積した粒子が、さらに時間をかけて固結していくことで、最終的に堆積岩となるのです。

地層というと、ミルクレープのようなきれいな縞模様（しまもよう）の断面を想像する方が多いかもしれません。このような「教科書的な」地層もたくさんありますが、全ての地層断面がミルクレープ的であるわけではありません。そもそもミルクレープの断面が、なぜあのように縞模様に見えるかというと、クレープとクリームという異なる構成物が交互に積み重なっているからです。もし仮に厚さ10cmのミルクレープがあれば、その断面はきれいな縞模様が見られますが、同じ厚さのクリームの塊があったとしたらどうでしょうか？　その断面を見ても、のっぺりとした白い塊のようにしか見えないはずです。同様に、もし10cmの厚さの分厚いクレープ生地があったとして、その断面を見ても、のっぺりとした黄色っぽい塊にしか見えないはずです。つまり、断面に縞模様が見えるためには、少なくとも2種類以上の異なる物質からなる層が存在しなければなりません。

　ここで再び地層の例に戻ると、例えば砂岩と泥岩が交互に積み重なってできた地層があるとします。実際、このような地層は砂泥互層（さでいごそう）と呼ばれ、割と普通に見られる地層です（図1－5）。砂泥互層の断面は、ご想像の通り、きれいな縞模様になります。しかし中には、見渡す限り泥岩しかないような地層、あるいは砂岩だらけの地層というものも存在しています。この場合、地層の断面はのっぺりとした茶色い岩体にしか見えない

図1－5　砂泥互層の断面はきれいな縞模様になる
上：高知県室戸半島　下：スペイン・アストゥリアス

……ということになります。

化石も多様ですが、化石を含む地層もまた多様なのです。地層の見た目だけが多様なわけではなく、地層が記録している情報も多様です。地層を研究することで、過去の地球環境やその変動を解明することができます。これはこれで非常に面白く、奥が深い学問です。しかし地層について語り始めると、それだけでまた一冊の本ができてしまうほどなので、場を改めることにして、先に進むことにします（実は私は化石だけでなく地層も研究しているので、止まらなくなりそうです）。

化石発掘のフィールドワーク

前節のように化石と地層を整理して考えてみると、両者の「切っても切れない」関係性が見えてきます。しかし、地層は屋外に存在しているため、地層の中に埋まっている化石も必然的に屋外に存在していることになります。一般に古生物学の研究では、化石や地層を主要な研究対象として、生命進化や地球環境の歴史を明らかにすることを目指しています。したがって多くの場合、研究対象となる化石や地層にアクセスするためには、古生物学者自ら屋外に出向き、自らの手で化石や地層の研究サンプルを入手しなければなりません。そう、フィールドワークです。

フィールドワークは、古生物学の研究では欠かせない重要なプロセスです。ところで、古生物学におけるフィールドワークですが、どのようなイメージがありますか？　多くの方が思い浮かべるのは、砂漠や荒野で大勢の古生物学者が一か所に集まって、化石を発掘しているようなシーンではないでしょうか。多くの古生物学者が何日もかけて、ついに狙いの化石を発掘できたとき（＝地層の中に埋まっている状態から、苦労の末に分離して取り出すことができたとき）、感慨もひとしおでしょう。このような大規模なフィールドワークは、恐竜など大型の化石を対象とした研究で見られることが多いスタイルです。いつの時代も、恐竜というのは不思議と多くの人を魅了しますが、それは古生物学者たちも例外ではないようです。もちろん、恐竜化石が必ず大規模なフィールドワークでしか発掘されないというわけではありません。ただし一般的には、恐竜化石の発掘現場となると、その注目度は高く、ときには上述したような大規模なフィールドワークになります。それゆえに、多くの人がイメージする古生物学のフィールドワークのイメージのルーツになっているのでしょう。

このような大規模な発掘スタイルは、いわば古生物学のフィールドワークの代表的なイメージかと思いますが、一方で必ずしも標準的な状況というわけではありません。もちろん、古生物学の中でもどのような種類の化石を研究対象にするのかによっても、フィールドワークの実体はかなり異なります。ですので、フィールドワークの実際の様子や状況はとても多様で、そもそも標準的なフィールドワークなるものを紹介できるほど、きれいにパターン化されているわけではないのです。とはいえ、一つ確実に言えることは、イメージするようなフィールドワークというのは、実際には比較的稀な状況なのです。ある古生物学者が一人で何年もかけてコツコツとある場所でのフィールドワークを重ねた末に、重要な化石を発見して発掘することもあります。また、別の研究目的で訪れた場所でフィールドワークをしていて、期せずして重要な化石を発見するということもあります。

さらに、重要な化石の発掘現場……ならぬ「発見現場」が、実は屋外でないというパターンもあり得ます。例えば自然史系博物館の標本収蔵庫は、古生物学の研究にとっては重要な「フィールド」です。収蔵庫には、かなり昔に採集されていたものの、これまで特段研究されてこなかったような化石標本が数多く眠っている場合が多いです。ある人にとっては「その他大勢の化石」であっても、別の人にとっては同じ化石が「唯一無二の素晴らしい研究対象」になるのです。したがって古生物学者はしばしば、国内外の博物館に自ら出向いて、そこの博物館の収蔵庫に何日も籠もって自身の研究対象の化石標本を観察したりします。このとき、この古生物学者にとっては博物館の収蔵庫がまさに「フィールド」になっているわけです。古生物学では、このようなスタイルの調査を「標本調査」と呼んでおり、広い意味ではフィールドワークの一種と考えることもできます。

このように、古生物学の研究におけるフィールドワークのスタイルは多様ですが、どんな場合であっても化石を発掘することが重要であることには変わりありません。しかしここで改めて強調したいのは、「古生物学の研究=化石発掘」というわけではない、という点です。化石発掘のフィールドワークというイメージがあまりにも浸透しているため、化石発掘が古生物学の研究の主体であるように感じてしまうかもしれません。しかし、声を大にして言わせてください。むしろ化石を発掘してからが古生物学の研究の真のスタートラインなのです！　この点については、古生物学の研究現場を知っていただくために重要になりますので、次節でしっかり紹介していきます。

化石を発掘してからが始まり

さて、化石を発掘してからが古生物学の研究の真のスタートラインとは、いったいどういうことなのでしょうか？　これを考えるためには、古生物学研究の一般的な流れというものを紹介する必要があります。ただしフィールドワークと同様、実際の研究は非常に多様なので、ここで紹介するのはあくまで一例です。面白いのは、フィールドワークのときには、研究対象の化石によっても実態が大きく異なるために標準的なフィールドワークというものは考えにくかったのですが、古生物学の研究の流れという点では、研究対象の化石によらず標準的な流れというものが（ある程度は）存在しそうです。

研究の第一段階は、仮説を立てることです。この仮説の内容自体は、研究対象としている化石や興味のある研究テーマによっても異なります。ただし古生物学の研究では多くの場合、検証すべき仮説は、生命進化の歴史や過去の地球環境の状態などに関するものになります。古生物学者は、この仮説を検証（あるいは反証）するための流れを考えます。そして多くの場合、その仮説の検証のために最適な研究対象として、ある特定の化石を選定します。その際、同じ種の化石であっても保存状態が良好なものでなければ検証できないという場合もあれば、化石の保存状態はほどほどでＯＫだが大量の個体数を扱う必要があるという場合もありますし、はたまた、特定の博物館に収蔵されている特定の標本でなければならないという場合もあります。

仮説検証のための最適な材料選びが一段落したら、それで一件落着というわけではありません。まだまだやるべきことが山積みです。古生物学者が次に取り組むのは、適切な検証方法の思案です。具体的には、研究対象としている化石を観察したり、何らかの分析によって化石の特性を数値化したりすることで、データを取得していきます。このようにして得られたデータ（生データと呼びます）は、この時点では、観察結果の文字情報であったり、化石の写真というデジタル情報であったり、計測値や分析値などの数値情報であったりする状態です。得られた生データは、必ず何らかの方法で解析します。

例えば、統計的な解析や専門的な画像処理などを施したり、あるいは先行研究によって既に得られている生データと比較したりします。このようにして初めて、得られた解析結果が仮説と整合的であるのかどうかを判断できるのです。

したがって、研究対象の化石をどのような方法で観察・分析するのか、そして得られた生データをどのように解析するのか、これらに関するアイデアを考えるのが古生物学者の腕の見せ所です。これは何も、古生物学だけに限った話ではありません。一般に科学研究の世界では、何かを示したり否定したりするためには、必ずデータが必要です。データがなければ、文字通り「個人の見解です」で終わってしまいます。データがあることによって、自分以外の第三者も含めて、その仮説の妥当性を判断することが初めて可能になるのです。

生データを取得して、それを適切に解析する工程が、まさに研究の実体と言えるでしょう。研究対象となる化石を発掘して初めて、古生物学研究の真のスタートラインに立つことができます。

なお、図鑑や博物館などでは、化石だけがあたかも最初からその状態でそこにあったかの如く、きれいな状態で展示されていることがあります。これは、化石の周囲を覆っていた地層を一部（あるいは全て）除去して、化石だけをきれいな状態で見せているのです。化石の周囲の地層を除去する工程を、専門用語では「化石のクリーニング」と呼びます。クリーニングをすることによって、化石の形状の全貌が明らかになります。

化石発掘の前に勝負の大半は決まっている⁉

さて、前節では「化石発掘は古生物学の研究のスタートライン」と申し上げました。本格的な古生物学の研究工程が始まるのは、化石を入手してからなのです。

「なるほど！　古生物学の研究では化石を入手した後が一番大事なんだな」と思った方は、ちょっと待ってください。もちろんその通りなのですが、化石を入手した後が一番大事だとは、実は一言も申し上げておりません。

何でもよいので、スポーツ競技を思い浮かべてみてください。私は野球や相撲が好きですが、皆さん自身の好きなスポーツや競技経験のあるスポーツで構いません。学問は勝敗を決めたり順位を競ったりするものではないので、その点ではスポーツ競技と比較するのはやや気が引けますが、それに携わる人の性質（研究ならば研究者、スポーツ競技であればアスリート）は、意外かもしれませんがよく似ていると個人的には思っています。

スタートラインという言葉とも相性が良さそうですし、かつ個人競技なので、ここではマラソンを例にとってみます。皆さんは、今、フィールドワークを終えて研究対象の化石を入手したとしましょう。この段階はマラソンに例えると、競技会場に到着してユニフォームを着て準備運動も終えて、腕時計に手を置いてスタートラインで構えている状態です。化石を観察したりデータを解析したりして仮説を検証していく、いわば古生物学の研究の実体の部分は、マラソンに例えると、スタートの合図が鳴った後からゴールするまでの間に相当します。この間、さまざまな駆け引きが行われるでしょうし、アスリート自身のコンディションやコースの特性にもよるでしょうが、この辺りから段々ときつくなるというポイントもあるはずです。私は競技としてマラソンをやったことはありませんが、大学生時代は応援部に所属しており、毎年の春季&夏季合宿における最終練習で、丸一日かけて40㎞以上の距離を走破するというメニューをやっていたので、何となくはわかったようなつもりで書いています。

マラソンのタイムはスタートからゴールまでの時間ですが、そのタイムの良し悪しは、スタートしてからゴールするまでの時間内の要素だけで決まるでしょうか？　答えはNOですよね。もちろん、スタートからゴールまでの身体的あるいは精神的なコンディションが重要なのは間違いありません。しかしだからといって、どんなに今日この瞬間がベストコンディションだとして、まったく練習していない状態でフルマラソンを走って2時間台のタイムが出るなんてことは（一般的な身体能力の人物であれば）絶対にありえません。

お伝えしたかったのは、そういうことなのです。日々のトレーニングであったり、体調の管理だったり、競技に取り組む姿勢であったり、事前の準備と日々の取り組みこそが圧倒的に大事なのです。

再び古生物学の研究に戻って考えましょう。フィールドワークをして化石を発掘してからが古生物学の研究のスタートラインであることは間違いありませんが、その研究自体が上手くいくかどうかについては、フィールドワークの前に八割がた決まっているのです。何事も、事前の準備と日々の取り組みが大切なのです。

古生物学の研究の場合、事前の準備というのは、仮説を明確に設定することです。では、そのためには、日々どのような取り組みをすればよいのでしょうか？　何もしないで、急に良い仮説が思いつくということは、まずありません。古生物学者はフィールドワークのイメージが強いかもしれませんが、とはいえ一年間のスケジュールの大半の時間は室内で過ごしています。普段は室内で何をしているかというと、一般的なところでは、化石の観察をしたり、データを解析したり、関連する先行研究の論文を読んだりしています。このような取り組みを通して、あるときは徐々に、また別のときは急に、次の新しい研究テーマとなる良い仮説を着想するに至るのです。仮説を着想するきっかけは、人や状況によって異なるので一概に言えませんが、例えば、化石を観察していて何か先行研究の報告と異なる特徴が見られた、データを解析してみたら予想と異なる傾向が見えてきた、論文を読んでいたら調査する価値のありそうな気になる記述を見つけた、移動中の電車内やお風呂などでぼんやり研究のことを考えていたら突如アイデアが降ってきた、……などなど、本当にさまざまです。

実際の事例は多様ですが、一つ共通することは、日ごろから古生物学に関する取り組みを継続していたり、古生物学の研究について考えを巡らせていなければ、決して良い研究はできないということです。マラソンの例に戻ると、どんなに身体能力に恵まれた人物であっても、まったく練習することなく初めてのマラソンに挑んだとして、いきなり世界記録が出せるわけではありません。それどころかおそらく、走破することすら難しいものと思われます。古生物学者は、皆さんが思っている以上に普段はインドアだけれども、古生物学にまみれた生活を送っているかもしれませんよ。

直接観察できないけれど……

次に、古生物学の研究における再現性について考えます。古生物学は、化石や地層を主要な研究対象として、生命進化や地球環境の歴史を明らかにすることを目指す学問です。したがって古生物学は歴史科学としての側面もあり、それに伴う難しさが存在することは事実です。また、このような歴史科学としての側面が、古生物学に関する誤った見解にもつながりかねないのでは……と個人的には心配しています。

古生物学の研究成果をわかりやすくイメージできるのは、おそらく図鑑の描画ではないでしょうか。そこには、恐竜など過去の地球上に生息していた古生物が、まるで生きているかの如く、リアルに描かれています。あるいは過去の地球環境についても、例えば恐竜が生息していた時代の地球は今よりも温暖で、極域であっても大型の動植物が生息できるような環境だった、などという描画や記述を見かけます。しかし、少し立ち止まって考えてみると、恐竜が生息していた時代には、人類はまだ地球上に出現していません。人類が初めて出現するのは、もっとずっと後の年代のことです。当然、恐竜時代の生き物の様子や生息環境を「直接見た」ことがある人物など、一人も存在しません。

このように、恐竜を例に出すまでもなく、過去に遡って生き物を直接観察することはできません。これは、れっきとした事実です。仕方なく代わりに、地層中に残された過去の生き物の痕跡（＝化石）を頼りに、古生物に関する情報を推測するしかないのです。ここで重要になってくる点で、そしてしばしば混同されがちな点なのですが、「過去に遡って古生物を直接観察できないこと（A）」と「古生物学の研究において再現性がないこと（B）」とは異なるということです。AとBは、完全に別物です。古生物学の研究に関する誤った見解のうち、もっとも代表的なものでしばしば耳にするのは、「過去の古生物なんて生きていたときの様子を実際に観察できるわけないんだから、古生物学って再現性のない学問だよね」というものです。このような考えは、本来は別物であるはずのAとBを、完全に混同してしまった結果です。

ここで、もう少しこの問題について掘り下げて考えてみましょう。まずは上述のA（＝過去に遡って古生物を直接観察できないこと）についてです。過去に遡って古生物を直接観察するということは、実現不可能です。ここまでは皆さん納得してくれます。なぜって、現時点では、実際に過去に戻ることはできないからです。日常生活で、例えば今しがた何か重大なヘマをしてしまったとして、「10分前に戻りたい!!」といくら強く思っても、指が手のひらに食い込んで出血するくらい強く念じたとしても、それは絶対に不可能ですよね。したがって、実現不可能なことに対して、再現性もなにも存在しません。一度も実行できないので、何度やっても同じ結果になるという再現性を求めるのは酷です。屁理屈のようですが、強いて言えば、何度やっても「実行できない」という結果そのものには再現性がある、と言うことならばできそうです。

次にB（＝古生物学の研究において再現性がないこと）について考えてみましょう。これから見ていくように、これは誤りです。事実、（ちゃんとした）古生物学の研究であれば、必ず再現性があります。再現性のない研究であれば、それは科学の範疇から外れてしまいます。では、古生物学の研究における再現性とは、一体どのようなものなのでしょうか？　これは、データを取得する工程と強く紐づいています。

古生物学の研究は多様ですが、本書のここまでの内容との兼ね合いも考慮して、標準的な流れとして以下のような①〜⑤という事例を考えてみましょう。①ある地層を調査→②研究対象の化石を発掘→③入手した化石試料を観察→④観察データを取得→⑤データを基に古生物の生態情報を推測する、という流れです。古生物学のみならず、科学の現場では、再現性のある研究方法が極めて重要です。すなわち、異なる研究者が同一の方法で観察や実験を実施した際に、必ず同じ結果が得られることが求められます。

どこに再現性が必要か

ここで再び①〜⑤という流れの古生物学の研究を考えたとき、再現性がなくてはならないのは、「①→②」と「③→④」という工程です。おそらく「③→④」については、何となくでもイメージしやすいのではないかと思います。例えば、入手した化石の特定の部位の大きさを精密に計測した、とか、プレパラートを作成して光学顕微鏡下で倍率40倍の条件で化石の内部構造を観察した、といった具合です。これは異なる人物であっても、全く同じ作業をすることができ、同じ結果を取得することができます。これは、再現性がある工程です。古生物学に関する実際の研究論文の中でも、「③→④」の工程における再現性を担保するために、観察方法や実験条件についてはしっかりと記述されています。

しかし、「①→②」の工程における再現性というのが、やや曲者(くせもの)です。実のところ、残念な状況と言わざるを得ませんが、古生物学に関する研究論文を見てみても、この工程における再現性に関係する記述は、さらっとしか触れられていません。ただし厳密には、目の前の地層から化石を見つけることができるかどうかについては確率的な要素もあるので、「③→④」の工程の再現性のように誰がやっても必ず同じ結果が出るというわけではありません。なので正確には、再現性を判断するための基本情報と言うのがいいでしょう。

例えば「〇〇地域に分布する地層でフィールドワークを実施して、□□の化石試料を△個入手した」というような記述にとどまっていることが多いのです。しかし、「①↓②」の工程における再現性を判断するための基本情報としては、より具体的な記述をする必要があります。理想的には、例えば、「化石を得るために、地層からどのくらいの量の岩石サンプルを採取したのか？」という情報は非常に重要になります。△個の化石試料を入手するのに３kgの岩石サンプルを処理した場合と、３００kgの岩石サンプルを処理した場合とでは、地層中の化石の頻度が１００倍異なるということを意味しています。それだけでなく、後者の方が前者に比べて、作業上の手間も１００倍に増えるわけです。頻度がわかるのは重要です。例えば、サイコロを1回振ったときに出る目は1〜6があり得ます。ある人が振って2が出て、次に自分が振って3が出たとしても、「2が出なかったから再現性がない」ということにはなりません。確率的な出来事の場合、ある程度の試行回数も必要です。１００回振って一度も2が出なければ、そのサイコロは細工されているかもしれません。

ここでは、１個の化石試料を入手するにあたって３００kgの岩石サンプルを処理したとしましょう。論文中に「化石を得るためにどのくらいの量の岩石サンプルを採取したのか？」という具体的な数値情報が記述されていない場合、どのような問題が起こり得るのでしょうか？　もっともあり得そうなのは、別の研究者が再検証を試みた際に、「〇〇地域に分布する地層でフィールドワークを実施して、１００kgもの岩石サンプルを処理したのに、□□の化石が１個も出てこないぞ。この研究者は、本当にしっかりフィールドワークをしたのだろうか？　あるいは、化石の鑑定に難があるのかな？　いずれにしろ、再現性を判断するのは難しいな……」と考えてしまうことです（図１－６）。

一方で、化石の観察によって得られたデータに基づいて古生物の生態情報を推測するという流れ、すなわち「④→⑤」の工程は、古生物学者が違えば変わり得るし、また、研究の進展によっても変わり得ます。なぜなら、⑤（＝古生物の生態情報）は、データに基づく古生物学者の「解釈」であって、真実と一致しているとは限らないからです。結局のところ、（古生物学のみならず）科学のルールに則って研究を進めていくと、真実を真実として認識することはできないのです。むしろ、科学ができることは、データを通して解釈すること（＝より多くの人が「真実」だと思うものを認識すること）です。化石の観察によって得られたデータを100人の古生物学者が見たとして、理想的には、100人全てから同じ解釈が得られたとしたら、現状の古生物学の研究においては、その解釈がベストです。ただし注意したいのは、この「ベストな解釈」が真実とイコールであるかどうかは、誰にもわからないということです。話が戻ってしまいますが、過去に遡って古生物を直接観察することは不可能なので、科学の一分野である古生物学ができることは「ベストな解釈を得る」ところまでです。

真実はわからないが確実に進歩している

わかりやすい例は、恐竜の生体想像図が、時代とともに大きく変化していることです。もちろん、最新の生体想像図が「真実」と一致しているかどうかはわかりません。例えば、最も有名な恐竜であるティラノサウルスですが、初期はゴジラ型の姿勢と考えられてきたのが、現在では尾を水平にした姿勢で描かれることが多くなりました（図1-3）。また、体表については、小型獣脚類の多くに羽毛の痕跡が見られることから、同じ獣脚類であるティラノサウルスも部分的に羽毛が生えていた可能性が指摘されています（図

図1－6　古生物学における再現性を判断するための基本情報の重要性。処理した地層の量の情報もあると望ましい

1-3）。ただし羽毛の量は、幼体か成体かによっても異なっていたかもしれません。ティラノサウルスと近縁な大型恐竜であるユウティラヌスは、全身が羽毛に覆われていたであろうことが、化石から推測されています。このような変遷は、古生物学の研究に再現性がないことを意味するわけではありません。新しい化石が見つかり、その化石の観察によって得られた新たなデータに基づいて「解釈」が更新されるということです。したがって、このことはむしろ、古生物学が健全に進展している証拠です。

これまでに述べたことと多少重複しますが、重要なので改めてまとめます。過去に遡って古生物を直接観察することはできません。もし仮に、過去に遡って古生物の生きている姿を直接観察することができれば、現状の「解釈」が「真実」と一致しているかどうかを検証することができるでしょう。ただしこれは不可能なので、科学という営みの範疇ではありません。ですので、「過去に遡って恐竜の生息時の姿を直接観察することができないから、古生物学は再現性がなくて科学的ではない」というのは意味をなさない主張です。同じように、「この恐竜の生態については自分はこう考えている。化石には残らないが、もし恐竜が生きているときの姿を観察することさえできれば、自分の考えを検証できるはずだ」というような主張も、古生物学の研究という視点では意味をなしません。そう、古生物学とは、再現性のある科学の一分野なのです！

第一章では、古生物学とはどのような学問であるのか、その概要を見てきました。第二章以降では、古生物学者がどのようなことを考え、どのような研究を実際に行っているのかについて、紹介したいと思います。

第二章　地層から古生物学的な情報を読み解く難しさ

地層の情報を読み解くには

古生物学とは、化石や地層を主要な研究対象として、生命進化や地球環境の歴史を明らかにすることを目指す学問です。第一章で紹介した通り、化石は必ず地層の中に埋まっています。したがって古生物学者はしばしば、化石をメインで研究する場合でも地層をメインで研究する場合でも、結局のところは地層の調査を行います。古生物学者にとって、地層と完全に無縁でいるということは極めて難しいのです。

したがって古生物学者は、地層から古生物学的な情報を読み解いていく必要があるのですが、実はこれが一筋縄ではいかないことばかりなのです。第二章では、この辺りの実情を紹介していきます。

斉一説

地層とは、広範囲に分布する堆積岩からなる岩体です。砂や泥、火山灰など堆積物粒子は水や風によって運ばれると、多くの場合は最終的に海底に降り積もっていきます。そして海底などに集積した粒子が、さらに時間をかけて固結していくことで、最終的に堆積岩となるのです。

……と、ここまでは第一章で説明しました。しかし、今目の前にある地層も、過去に形成されたものです。それでは、なぜ、このような地層の成因がわかったのでしょうか？　過去に遡って古生物を直接観察できないのと同じように、過去に遡って地層の形成現場を観察することはできません。ここでキーとなる概念は、斉一説と呼ばれる考え方です。

斉一説とは、端的に言えば「過去に起きた自然現象は、現在観察される自然現象と同一であろう」と想定する考え方のことです。もう少し踏み込んで言えば、「自然現象をつかさどる自然法則は、過去においても現在においても同一（＝不変）である」と想定する考え方です。これは、至極当たり前のような気がしますが、この至極当たり前に思えるような考え方を学問全体の仮定として大々的に宣言しておくことが重要なのです。
例えば、今日も昨日も1年前も1億年前も、（重力以外の外力がない限り）水は必ず高いところから低いところに流れていくはずです。しかし、過去に遡って自然現象を直接観察することは不可能なのです。したがって1億年前の地球において、重力以外の外力がない条件で水が高いところから低いところに流れていく様子を観察することはできません。ここで、斉一説の考え方を採用せずに、極端な原理主義を採用した場合を考えてみましょう。すると、過去の出来事を直接観察できないために、例えば過去に形成された物質の成因は一切不明という結論になってしまいます。しかしこれでは、科学は進展しません。なぜなら、「過去に形成された物質の成因は一切不明」以外のいかなる結論も得られないので、それ以上でもそれ以下でもなく、それで完了ということになってしまうからです。これは一見すると正しい考え方にも見えますが、裏を返せば、考えることを放棄しているとも言えるのです。

したがって、古生物学のような過去の自然現象を扱う学問では特に、斉一説の考え方を採用することが重要なのです。それによって、地層の成因も「科学の方法で」考えていくことが可能になります。例えば、地層を観察していて、ある特徴的な構造Aを発見したとします。そしてこの構造Aは、現在観察できる別の構造Bによく似ているとします。そしてその構造Bは、ある特定の環境Cでのみ見られることがわかっているとしましょう。これらのことから、地層中の構造Aも、ある過去においてCという環境の下で形成されたものであろう、と推論することが可能になるのです。いわば、「現在は過去を読み解く鍵である」ということです。

このように、斉一説の考え方を採用することによって、地層の成因も科学の方法で推論することが可能になりますし、地層から古生物学的な情報を読み解くことも可能になるのです。斉一説は、数学で言うところの「公理」に相当するかもしれません。公理とは、そのほかの命題を導出するための前提として導入される最も基本的な仮定のことです。有名な定理も、公理がなければ導出できません。斉一説とは、古生物学（だけでなく古生物学を含む地質学全般）の研究に携わる全ての人物が共有している根本的な仮定なのです。

ただし地球の歴史は非常に長く、かつ複雑なので、斉一説「だけ」で過去の出来事の成因をすべて説明することは、残念ながら不可能です。水は高いところから低いところへと流れるという現象は、過去も現在も未来も成り立つ物理現象なはずです。しかし地球や生命の歴史の中には、長い歴史の中でたった一度しか起こらなかったような出来事もあるのです。そして、地層や化石に残されている記録のうちの一部は、このような一度きりの出来事の影響を色濃く反映しているものもあるでしょう。

つまり、斉一説は古生物学における根本的な考え方の一つではあるものの、それがすべてではないということです。実際のところは、地層や化石というのは、さまざまな要素が複合的に影響を及ぼして形成されるものです。古生物学者は、目の前にある地層や化石を観察して、普遍的な要素と一度きりのユニークな要素を適切に分離しなければなりません。これがまあ、なかなかに難しいのですが……。

地層累重の法則

地層から古生物学的な情報を読み解いていくためには、まず第一に地層の成因を正しく認識する必要があります。先の斉一説と並んで、特に地層の成因を考える上で重要になるもう一つの基本的な考え方が「地層累重の法則」です。法則と言ってはいるものの、物理学における法則のように厳密な支配方程式が存在するようなものではありません。この地層累重の法則とは、「下にある地層ほど古く、上にある地層ほど新しい」という考え方です。この至極当たり前のように思える法則もやはり、古生物学（だけでなく古生物学を含む地質学全般）において重要です。なぜなら、この法則に従うことで初めて、地層に時間軸を入れることができるからです。

地層や化石から地球や生命の歴史を読み解く古生物学の研究においては、出来事の前後関係を正しく把握することが極めて重要です。複数の出来事の因果関係を考える際には、まずはそれらの出来事の時間的関係を知ることが第一歩です。例えば二つの出来事AとBについて考えましょう。このとき、AのほうがBよりも先に起こったとします。とすると、AはBの原因になった可能性がありますが、一方でBがAの原因であるということは絶対にありません（もちろん、二つの出来事の間に何の因果関係もないということもあるので、注意は必要ですが……）。

地球の歴史や生命の歴史を地質学的な時間スケールで考える場合、地層から情報を抽出して、そのデータを基に歴史を組み立てる必要があります。歴史を知るには、過去の出来事に関する情報をただ集めるだけではダメで、当然、それらを時系列順に並べて整理する必要があります。したがって地層を相手にする場合には、地層を下から上に向かって連続的に観察していくことになります。例えばある地層を調査していて、ある層準を境に、それよりも下位の層準では化石①が産出して、それよりも上位の層準では化石②が産出するようになるという状況を考えましょう。さらに地層に残された別のデータから、この境となっている層準付近には大規模な気候変動の証拠が残されていることがわかったとします。これらのことから、「ある時代には古生物①が繁栄していたものの、大規模な気候変動が起こったことで絶滅してしまい、その後は古生物②が繁栄するようになった」という一連の歴史が推察されるわけです（図2-1）。ただしここでの歴史とは、第一章で見てきたように、真実である保証はなく、あくまで「最も可能性が高い仮説」であるという点に注意が必要です。

このような地層累重の法則は非常にシンプルでわかりやすいのですが、実際の地層はというと、残念ながらそこまで単純ではありません。中断や分断もなく砂や泥が連続的に堆積してできた地層の場合は、地層に刻まれた時間軸も切れ目がなく連続的です。しかし実際には、地層の連続性を遮るものが存在します。代表的なものは、不整合（図2-2）や断層（図2-3）です。不整合とは、堆積の中断や地層の浸食などによって、地層の時間的な連続性が無くなってしまうことです。また、地層や岩石に力が加わることで割れてしまい、その割れた面に沿って地層や岩石がずれ動くと断層ができます。不整合や断層がある地層の場合、不整合面や断層面を境に、地層に刻まれた時間軸は不連続になります。すなわち、地層に情報がまったく記録されない時代ができてしまったり、あるいは（特に断層の場合には）一定期間の情報が同じ地層中に繰り返し出現してしまったりします。

実はこういったことは、稀（まれ）なことではありません。地球ができたのは今から約46億年前のことで、約44億年前には既に海ができていたと考えられています。もし、完全に連続的な地層というものが存在するのであれば、（その地層が海底でできたとすると）約44億年前から現在まですべての時代の情報が切れ目なく刻まれているはずです。ただしこの地球上には、そのような「完璧な」地層は存在しません。ですので、どんなに連続性

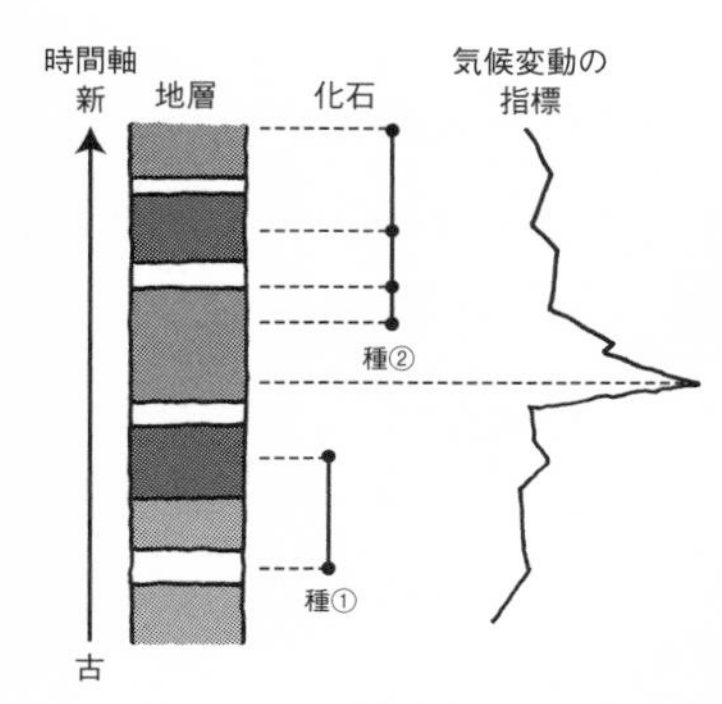

図2-1　地層から過去の出来事を時系列順で認識することで初めて、出来事どうしの因果関係について考察できる

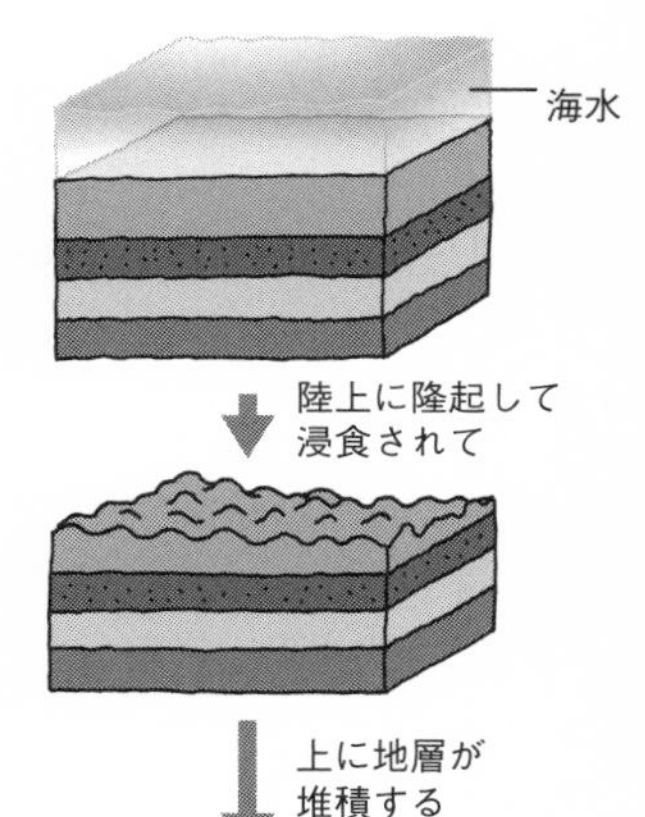

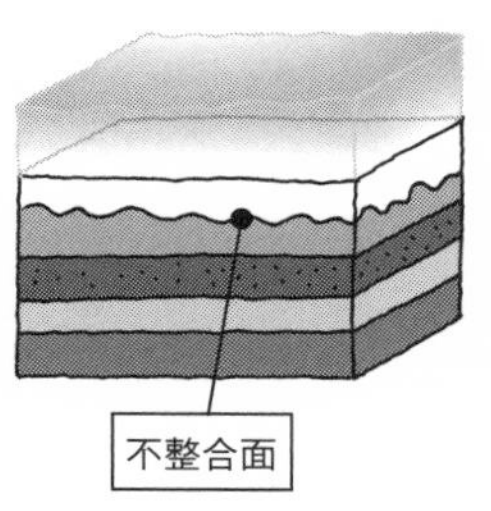

図2-2　不整合や断層など、地層の連続性を遮るものが存在する

が良い地層であっても、それは完璧な記録を持つものではないのです。必ず何らかの不連続性が存在するはずです。

したがって古生物学の研究では、さまざまな場所に存在するさまざまな地層を研究することによって、連続的な時間軸にそって地球や生命の歴史を読み解くべく、地層記録を「継ぎはぎ」していくのです。地球や生命の歴史を解説している図鑑などでは、

図2－3　断層の一例。千葉県房総半島

まるで絵巻のように、地球ができてから現在に至るまでの地球環境や古生物たちの想像図が描かれていることが多いです。しかし実際の研究現場では、多くの研究者たちが、文字通り地面に這(は)いつくばりながら、あるいは文字通り泥にまみれながら、さまざまな場所でさまざまな地層を研究してきたのです。今現在私たちが知っている地球や生命の歴史とは、そのような先人たちの努力の末に得られた知見を積み上げていくことで、初

めて明らかになるものなのです。

このように、地層から古生物学的な情報を抽出するというのは、一筋縄ではいかないのです。

同じ層でも不均質

さて、「下にある地層ほど古く、上にある地層ほど新しい」という地層累重の法則ですが、前節で述べたような実際上の難しさは存在するものの、この法則のおかげで、私たちは地層を研究することによって地球や生命の歴史を知ることができるのです。地層累重の法則のキーポイントは、地層の上下関係を時間軸に読み替えることができるという点です。この法則から導き出されるもう一つの重要な点は、「同じ層準の地層は、同一の時間面を示す」ということです(図2-4)。

古生物学者は、多くの場合、地球や生命の歴史を解明することに興味があります。したがって古生物学者が地層を調査する時には、地層のさまざまな層準を調べて、各層準からどのような化石が産出するのか、といったことを記録していきます。つまり、地層を下から上に向かって（＝古い方から新しい方に向かって）、くまなく調べていくわけです。このとき、一般的には、地層の上下方向（鉛直方向とか垂直方向と言います）の解像度を高めることに注力します。具体例で考えていきましょう。例えば、１００ｍの厚さの地層を調査する場合に、10ｍ間隔で見ていくよりも１ｍ間隔で見ていくほうが、得られるデータは10倍になり、したがって推測される歴史の解像度は10倍も高まるわけです。

このように、古生物学者が地層を鉛直方向に観察するときは執念がかったものがありますが、一方で地層の水平方向についてはどうでしょうか？　もちろん研究目的によりますが、一般的には、鉛直方向と比べて水平方向にはあまり多くの注意が払われないことが多いです。これは、前述した「同じ層準の地層は、同一の時間面を示す」という基本的な考え方によります（図２－４）。理想的には、同じ層準の地層であれば、１ｍ離れた場所であっても、10ｍ離れた場所であっても、１００ｍ離れた場所であっても、いずれもまったく同じ情報を記録していると考えます。すなわち、同じ層準の地層は完全に均質である、ということです。

これは考え方としては妥当のように感じますが、意外にも、同一層準での情報の均質

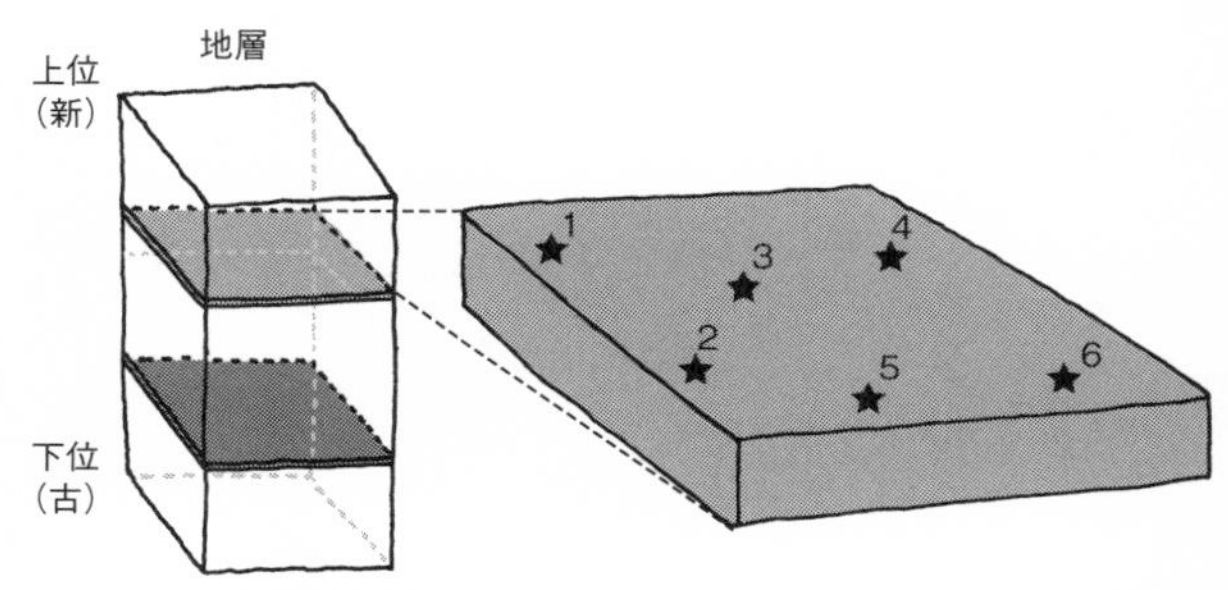

図2－4　同一層準上にある1～6地点の地層は、すべて同一時期に形成されたと想定する。化学的特性も6地点でおおよそ等しいはず。ただし化石の有無や種類は不均質で、1か所だけからしか化石が見つからなかったということも普通に起こる。同一層準に一様に化石が分布しているわけではない

性を実際にきちんと検証したデータは、知る限りほとんどありません。したがって、「同じ層準の地層は均質である」というのはデータによって裏付けられているものではなく、むしろ古生物学や地質学の研究に携わる人の全員が受け入れている「共通の仮定」だと判断したほうが良さそうです。

　例えば地層に含まれる特定の元素の濃度といった化学的特性の分析データであれば、（特に遠洋域の深海底でできた地層の場合は）この仮定はかなり現実的です。しかし、地層から産出する化石の有無や種数については、たとえ同一層準（＝同一時間面）であっても、かなりばらつきが大きそうです。海底で形成された地層の場

合、同一の層準というのは、過去のある時刻における海底面に相当します。日常生活では、潮干狩りの状況がイメージしやすいかもしれません。潮干狩りのときは私たちは干潟を歩き回ってアサリを探しますが、干潟の表面（＝歩き回っているところ）も実は海底面です。潮干狩りは潮が引いている時間帯に行うので、海底面を歩き回っているというイメージがないかもしれませんが、潮が満ちてくると、立派な海底面になります。潮干狩りでは、ある場所を掘ったときにアサリがいなかったとしても、１ｍ離れた場所を掘ってみると、そこにはアサリがいるかもしれません。

地層に置き換えて考えて、同一の層準から二つの異なる岩石サンプルを採取したと想定します。このとき、一つの岩石サンプルの中には化石が含まれているけれども、もう一つの岩石サンプルの中には化石が含まれていなかったとします。とすると、もし仮に同一層準から一つの岩石サンプルしか採取しなかった場合には、「化石がある」というデータになる場合もある一方で、もしかすると「化石がない」という正反対のデータになる場合もあり得ます。これは、極めてばらつきが大きく、そのため不均質だということです。地層の化学的特性の分析データであれば、同一層準から二つの異なる岩石サンプルを採取したとしても、両者を分析して得られたデータはほとんど同じ値を示すことが多いです（＝均質だということです）。

このように、やや極端なケースを考えてきましたが、地層中の化石という観点で考えると、同一の層準であっても極めて不均質なのです。前節に引き続き、ここでもまた、地層から古生物学的な情報を抽出するというのは一筋縄ではいかないものです。

バイアスがいっぱいある

古い年代の地層ほど少ない

古生物学とは、化石や地層を主要な研究対象として生命進化や地球環境の歴史を明らかにすることを目指す学問です。そのため、古今東西、古生物学者たちはさまざまな年代の地層を調査して、そこに含まれる化石の種類を調べることに多大なる労力を注いできました。その結果、現在では、地質年代を通じた古生物の多様性の変遷が明らかになっています（図2－5）。それによると、顕生代（化石記録が充実してくる地質年代）においては、大局的には時代とともに多様性が増加してきたことがわかっています。しかし完全な右肩上がりというわけではなく、多様性カーブをよく見ると、短期間のうちに多様性が急激に減少している時期がいくつか存在することがわかります。このような現象を、古生物学の専門用語で「大量絶滅」と呼んでいます。具体的には、顕生代の間に5回の大量絶滅が起こったようです（図2－5）。

特に、今から約2億５１９０万年前の古生代末（ペルム紀末）の大量絶滅は生命進化史上最大規模で、当時生息していた種の約95％が絶滅してしまったことが化石の記録から推定されています（ただし実際には、二段階での絶滅のピークがあったようです）。この史上最大の大量絶滅を引き起こしたのは、非常に大規模な火山活動が起こり、それによってさまざまな環境変動が連鎖的に発生したことだと考えられています。

大量絶滅という用語だけを聞くと、ネガティブな側面ばかりが強調されているような感じがします。しかし視点を変えれば、大量絶滅がきっかけとなって大繁栄することができた種類の生き物もいるのです。例えば中生代末（白亜紀末）にも大量絶滅が起こり、鳥類を除く恐竜（ややこしいですが非鳥類型恐竜（ひちょうるいがたきょうりゅう）と呼びます）はすべて絶滅しました。

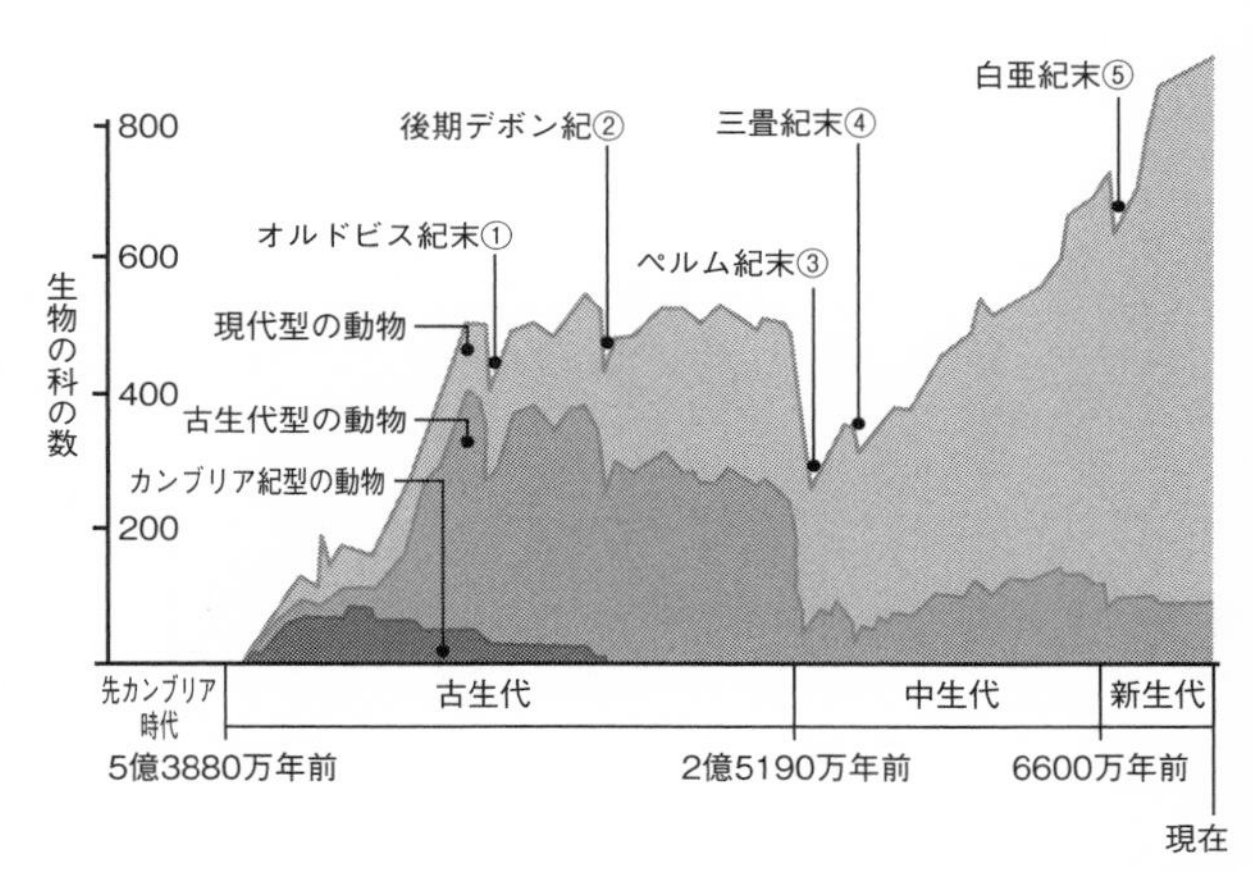

図2－5　地質年代を通じた古生物の多様性の変化。5回の大量絶滅（①〜⑤）の影響も見てとれる

中生代の陸上生態系では恐竜が大繁栄しており、哺乳類はその陰に隠れたマイナーな存在でした。しかし中生代末に直径10㎞ほどの小天体が地球に衝突し、それに伴う大規模環境変動によって大量絶滅が引き起こされました。大量絶滅後の新生代になると、非鳥類型恐竜が姿を消した陸上では哺乳類が繁栄することになるのです！

このように、大量絶滅という現象はそれ自体が非常に興味深く、多くの古生物学者が熱心に研究してきました。大量絶滅について語り始めるとそれだけで一冊の本ができてしまうくらいなので本書ではこれ以上は割愛し、ここで改めて顕生代の多様性カーブの話題に戻ります。全体的には右肩上がりのように見える多様性カーブは、前述したように、時代とともに生き物の種類が増加してきたことを示しています。ただし、額面通りに解釈すれば、ですが……。

どういうことでしょうか？　ここでもまた、地層から古生物学的な情報を読み解くことの難しさに直面してしまいます。というのも、地層の現存量も時間とともに変化するからです。言われてみれば当たり前のように感じますが、古い年代の地層は少なく、新しい年代の地層はたくさん存在します。陸上に顔を出した地層は、風化作用や浸食作用によって、徐々に量が減っていきます。古い年代の地層は、風化・浸食作用を被っている時間が長いため、新しい年代の地層に比べて必然的に量が少なくなってしまうのです。したがって、地層の現存量は古くなればなるほど減少します。

本来であれば、地層の現存量の違いも考慮して地質年代ごとの多様性を評価しなくてはなりません。顕生代の多様性カーブを改めて見ると、例えば石炭紀とペルム紀（図2－5の②と③の間におよそ相当）では科の数はおおよそ同じです。しかし石炭紀のほうがペルム紀よりも古いので、石炭紀の地層の現存量はペルム紀の地層の現存量に比べて少ないはずです。したがって、見かけの数は同じくらいだとしても、地層の現存量の違いを考慮すれば、本当は石炭紀のほうがペルム紀よりも科の数が多かった可能性も十分に考えられます。また、ジュラ紀と白亜紀（図2－5の④と⑤の間）を比べると、科の数は右肩上がりです。しかしここでも同様に、より古いジュラ紀のほうが白亜紀に比べて地層の現存量が少ないので、本当はジュラ紀も白亜紀も科の数は同じくらいであったかもしれません。

顕生代の多様性カーブは多くの専門書でも紹介されている「定番な学説」ですが、このように考えていくと、もはや額面通りに考えるのが怖くなってきてしまいます。地層に含まれる化石の種類の数という極めて基本的な古生物学的情報ですら、地層の現存量というバイアスがあるのです。実際に、地質年代ごとに見つかっている化石の種類を見てみると、地層の露出面積と強く相関していることが知られています（図2－6）。

調査努力もバイアスに

地層から古生物学的な情報を抽出するというのは一筋縄ではいきませんが、ここまで読んできて、「それにしてもあまりにも一筋縄でいかなさすぎではないか」と思った方も多いかもしれません。一筋縄でいかなくしているのは、地層や化石が持つさまざまなバイアスですが、まだまだたくさんのバイアスがあるのです。先に紹介した地層の不均質性や地層現存量の違いは、自然の特性ということでいわば「不可避な」バイアスです。過去に遡って直接古生物を観察することは不可能なので、このような不可避のバイアスは、まだ諦めがつきます。すなわち、不可避のバイアスがあることを承知した上で、適切な補正をして考察していくしかないのです。

しかし中には、不可避ではないバイアスも存在します。代表的なものは、調査努力量です。これは研究者側に潜むバイアスといえます。ここでは、異なる場所にある二つの地層（A層とB層）に含まれる化石の多様性を比較する状況を考えましょう。A層とB層にはいずれも、同じ火山噴火に由来する火山灰層が存在するので、この火山灰層が同一時間面の指標になります。年代が違えばそもそも地球上に存在する生物の多様性が異なるので、同じ年代の地層であるA層とB層は理想的な比較対象です。

二つの地層でそれぞれ調査を行い、見つけた化石を順次採集していきます。その結果、

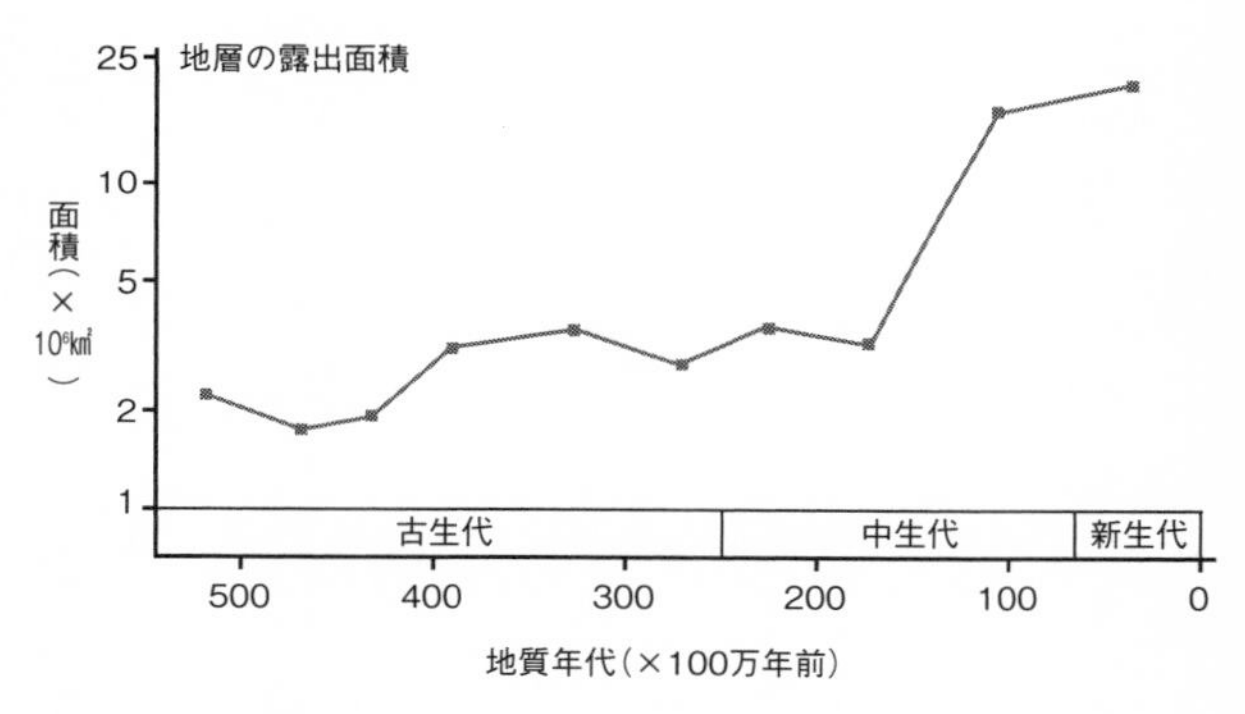

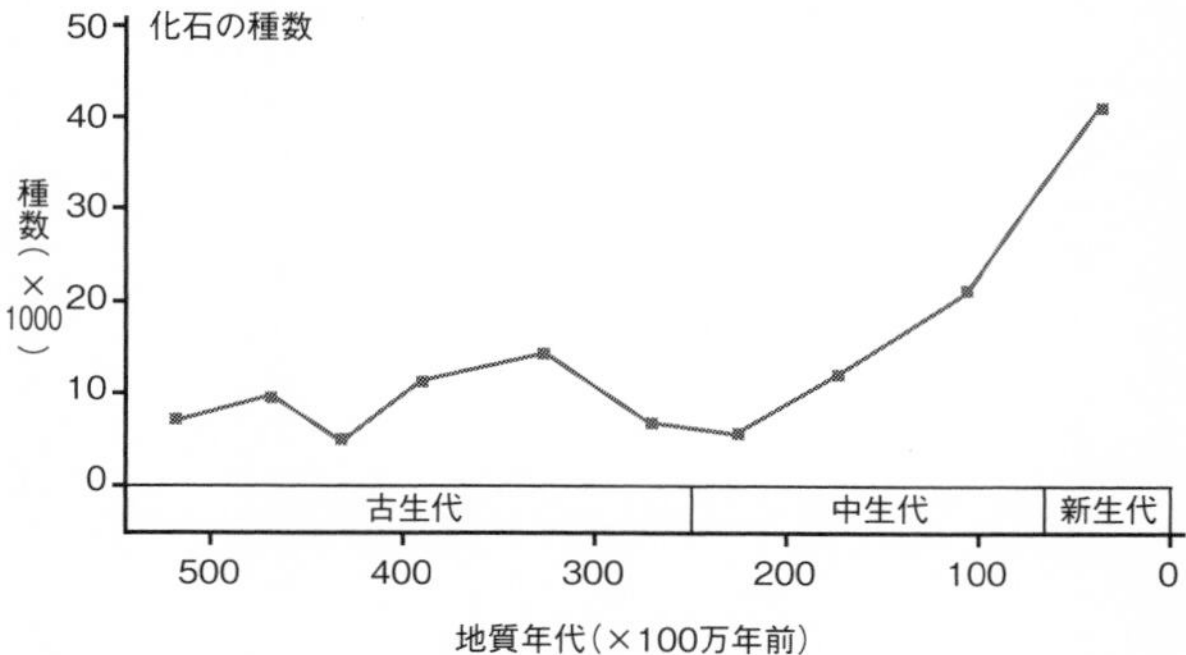

図2－6　見つかる化石の多様性は、地層の露出面積にも強く影響される

A層からは10種の化石が見つかり、B層からは20種の化石が見つかったとします。したがって、（同じ年代であっても）B層の方がA層よりも多様性が高かった……と結論付けたくなってしまいます。が、ここでも再び「待った」です。

調査者の都合により、A層の調査期間は2日間、B層の調査期間は1週間だったとしたら、いかがでしょうか？　B層で見つかった化石の種数はA層の2倍ですが、B層の方が3・5倍の時間をかけて調査しています。あるいはA層もB層も同じ調査日数ではあったものの、A層の調査時には同じ地層で別のテーマに関する調査も兼ねていたとしたら、いかがでしょうか？　B層の調査の際には100％化石採集に注力できますが、A層での調査の際には別の観察も同時並行しているので、化石採集には50％しか注力できなかったかもしれません。実はこうした状況は、（たとえ無意識的であっても）かなりの頻度で起こり得るのです。調査日数が違うという例で考えると、仮にA層も1週間調査したとしたら、35種類の化石を見つけることができたかもしれません。

このように、調査努力量の違いもバイアスとなり得るのです。もちろん、古生物学者はこれを昔から十分に承知しており、化石採集にかかる努力量の違いによって、得られる古生物学的情報はいとも簡単に変化してしまいます。さらに難しいのは、調査努力量と収穫（＝見つかる化石の種数）は、必ずしも直線的な比例関係でないかもしれないという点です。つまり、A層の調査努力量を3・5倍にしたとしても、見つかる化石の種数は2倍にしかならないかもしれません。A層とB層に含まれる化石の真の種数が違えば（A層は20種、B層は35種としましょう）、A層での調査努力量を1000倍にしたとしても、見つかる化石の種数は2倍（10種→20種）にしかなりません。

岩相依存性

前節の例を引き続き考えていきましょう。A層とB層は、同じ年代に別の場所で形成された異なる地層です。調査努力量の違いも、地層から古生物学的な情報を読み解く際のバイアスになってしまうので、ここでは調査努力量も揃えて、二つの地層で同じだけの時間を使い、同じだけの情熱（執念？）をかけて、同じだけの量の岩石を調査をしたとしましょう。さあ、もう大丈夫でしょう。二つの地層で条件は等しくなったので、見つかった化石の種数が多いほうが、多様性が高かったと判断して問題なさそうです。

……が、やはりここでも再々度「待った」です。

次に考えるバイアスとは、岩相の違いに起因するものです。岩相とは、手相や人相のように、いわば地層の「見た目」や「顔つき」に相当します。具体的には、地層を構成する物質の色や粒子サイズの違いによって岩相が変わってきます。例えば、砂岩と泥岩は異なる岩相です。砂岩の方が泥岩と比べて、より粗粒な粒子から構成されており、その結果として粒子の集合体である岩石の見た目が変わってきます。さらに同じ砂岩であっても、赤茶けた砂岩と淡い灰色っぽい砂岩では、ずいぶんと顔つきが違うのです。

ここで重要になるのは、一般に岩相が違えば成因や形成環境も異なる、という点です。引き続き砂岩と泥岩を引き合いに考えてみましょう。A層は砂岩のみから構成される地層、B層は泥岩のみから構成される地層だとしましょう。いずれも海底で堆積してできた地層だという共通点があったとしても、砂岩と泥岩では成因が異なります。一般に、泥岩は水深が深くて静穏な海底で形成されます。泥の粒子はサイズが小さいために水中を沈降する速度はゆっくりです。したがって、泥の粒子が海底に到達して堆積作用が進行する速度（堆積速度と言います）も、ゆっくりです。一方の砂岩は、泥岩に比べると水深が浅くて波の影響が及ぶような海底で形成されることが多いです。深海底で形成される砂岩というのも知られているのですが、その場合には、一度浅い海底で堆積していた砂が、地震などがきっかけとなって海底の斜面を流れ下ることで深海底に再堆積します。いずれの場合も、砂岩の場合は泥岩に比べて、堆積速度が速いです。特に後者のようなタイプの砂岩は、日常生活でも観測可能な時間スケール（＝地質学的には一瞬）で形成されます。

すると、A層とB層では、仮に同じ量の岩石を調査したとしても、地層に記録されている時間は同一ではありません。具体的には、A層（砂岩）の調査範囲は100年分の時間に相当するのに対して、B層（泥岩）の調査範囲では1000年分の時間に相当しているかもしれないのです。すなわち、A層の化石記録はB層の化石記録に比べて時間的に希釈されているのです。したがって、A層から見つかった化石の種数がB層よりも少ないという観測事実は、A層が形成した場所のほうが多様性が本当に低かった可能性もありますが、単に岩相の違いによるバイアスを反映しているだけかもしれないのです。

本当に、地層から古生物学的な情報を抽出するというのは一筋縄ではいきません。ここまでくると逆に、地層や化石を研究することで地球や生命の「正しい」歴史を知ることなんて本当にできるのだろうか？　という気持ちにすらなってきます。

年代測定はどこでもできるわけではない

前節で見てきたように、地層から古生物学的な情報を抽出して、それらを適切に解釈していくに当たっては、地層の堆積速度は極めて重要です。堆積速度が違えば、地層に含まれる化石の種数といった数値情報を得たとしても、額面通りに捉えることができません。それでは、地層の堆積速度とは、いったいどのようにして推定するのでしょうか？　地層は過去に形成されたものなので、目の前の地層が形成された当時の現場を直接観察するということは不可能です。そこで有効なのは、地層の年代測定です。

概念的に理解するために、ここでは非常に簡単な事例を考えてみましょう。ある地層について年代測定を行い、層準0mは今から2000万年前に形成され、より上位の層準100mは今から1000万年前に形成されたということがわかったとします（図2-7）。このとき、二つの層準の間の地層の堆積速度は計算によって求めることができ

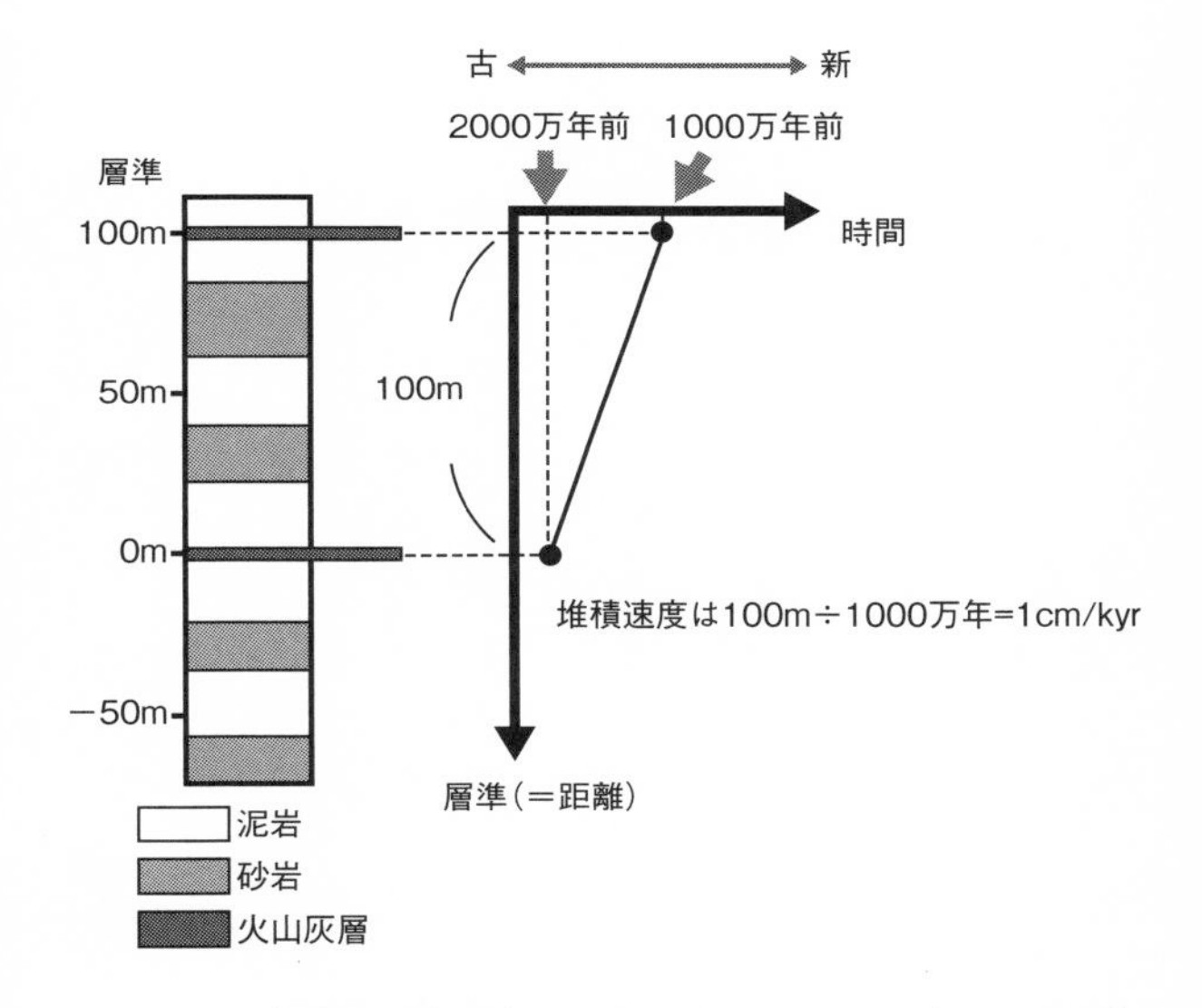

図2−7　堆積速度の求め方。kyrはキロイヤーと読み、1000年という意味。ただし実際にはずっと一定の速度で堆積するということは考えにくく、岩相が異なると堆積速度も異なるはず

ます。具体的には、100m ÷1000万年＝1cm/1000年、すなわち、１０００年で１cmという値になります。日常生活の時間スケールで考えると、「1年間あたり○○cm」と考えたくなってしまいますが、平均的な地層の年間堆積量は微々たるものなので、「１０００年あたり□□cm」という単位で考えることが多いです。地質学や古生物学の専門的な論文などでは、１０００年のことをkyr（キロイヤーと読みます）と書くので、ちょっと気取って専門的な単位を使うとすれば、この地層の堆積速度は１cm／kyrと表現することができます。

ただし岩相が違えば堆積速度も異なるはずですし、たとえ同じ岩相がずっと続く地層だからといって、堆積速度が「常に」一定の値であり続ける保証はありません。それにもかかわらず、なぜこのように仮定せざるを得ないのでしょうか。それは、その間に形成された地層（この例で言うと、層準０〜１００ｍの間の地層）の年代値が存在しないからです。年代値が存在しないのであれば、地層の年代測定を行えばいいじゃないか――こう思った方は多いことでしょう。もったいぶっており恐縮ですが、それができれば苦労はないのです。

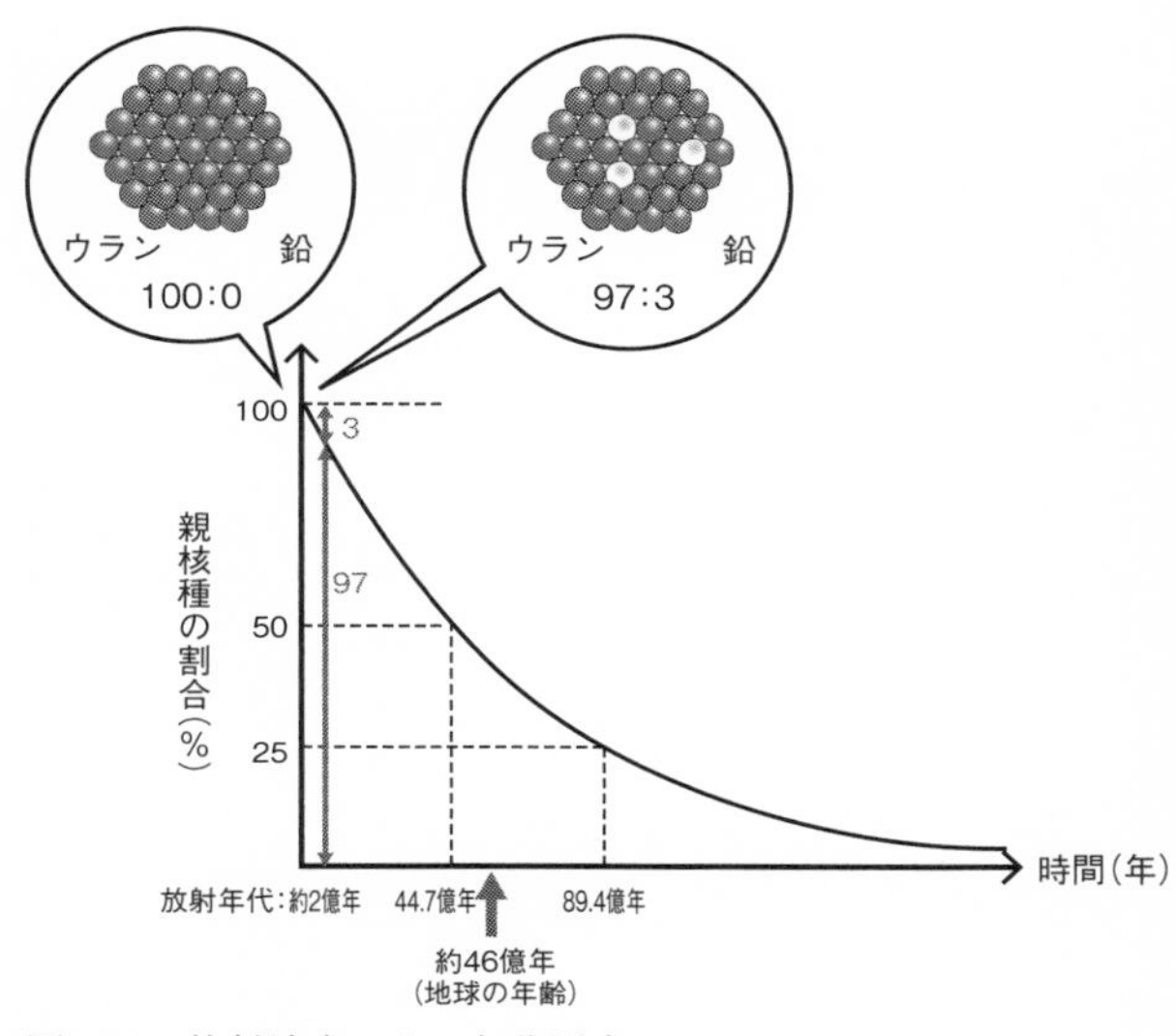

図2－8　放射壊変による年代測定

地層の年代測定とは、どこでもできるものではないのです。年代測定をするためには、放射壊変と呼ばれる現象を利用します（図2－8）。

年代測定に用いられる放射壊変として有名なのは、炭素14（^{14}C）の放射壊変です。古生物学のみならず、考古学の研究などでもよく使われます。^{14}Cの放射壊変では、親核種が半減するのにかかる時間（半減期）は5730年であることがわかっています。^{14}Cの放射壊変を利用した年代測定の際には、堆積物中に埋没している生物の遺骸（貝殻や木片など）

に含まれる^{14}Cをカウントします。生物は外部環境中から炭素を取り込んでいますが、死亡してしまうと炭素の取り込みができなくなります。そのため、死亡したその瞬間から生物に含まれる^{14}Cは放射壊変によってどんどん減少していきます。死後５７３０年後には死亡時の半分の量に、死後１万１４６０年後には死亡時の４分の１の量に……、というように、指数関数的に減少していきます。^{14}Cの放射壊変は半減期が比較的短い（地質学的時間スケールでみると５７３０年も短いのです）ため、数十万年前とか数百万年前といった古い試料になると、^{14}Cがほとんど残っていないため、年代測定が不可能になってしまいます。

もう一つ、古生物学や地質学の研究でよく使われるのは、ウランから鉛へと変化する放射壊変です。紙面の都合で詳細は割愛しますが、ウラン→鉛の放射壊変は2種類の経路があります。この二つの経路はそれぞれ半減期が異なり、約7億年と約45億年です。^{14}Cの放射壊変の半減期と比べると、文字通り桁が違います。そのため、非常に古い年代を持つ試料についても適用することができるのです。

いずれの場合も、試料の中に含まれる親核種（おやかくしゅ）の量と娘核種（むすめかくしゅ）の量を測定することができれば、元の状態（親核種のみが存在する状態）が何年前であったのかを計算で求めることが可能になります。このように、放射壊変を利用して推定した年代値のことを、放射年代（あるいは絶対年代）と呼びます。

　さて、堆積速度の話からだいぶ逸れてしまいました。話を戻すと、堆積速度を知るためには地層の形成年代を知る必要があるのですが、そのためには放射年代を求める必要があります。地球の歴史は約46億年なので、多くの場合、ウラン―鉛年代が使われます。しかしここで厄介になるのは、放射年代を求めることができる条件が限られるということです。

　ウラン―鉛年代を求める際に最適な試料は、火山灰などに多く含まれるジルコンという鉱物です。ジルコンが形成された当初には鉛が含まれないので、目の前の火山灰の中のジルコンに含まれる鉛は、すべてウランの放射壊変に由来するものです。

　実際にウラン―鉛年代を求めるためには、火山灰層からジルコンだけを単離して、そのジルコンを顕微鏡下で一粒一粒ピックアップします。その後、各ジルコンの粒にレーザーやイオンビームを照射することで、ジルコンの中に含まれるウランと鉛の量を測定します。こんな芸当ができるのは、限られた測定装置のみです。そしてこの測定装置が、まあとんでもなく値段が高いのです。

やや世俗的な話になってしまいましたが、火山灰を含む地層で、かつ非常に高価な測定装置を持っていなければ、地層の年代測定を実施することができないのです。「今から何年前にできた地層なんだろうか？」という非常にシンプルな問いに答えるのは、実はそう簡単なことではないのです。このことも、歴史科学としての側面がある古生物学の研究においては、大きなネックとなります。

時間スケール問題

仮に地層が下から上に向かって連続的に形成されたものであったとしても、堆積速度が層準によって異なる可能性があるように、地層に刻まれる時間の目盛りは常に一定だとは限りません。堆積速度が速い場合には、地層に刻まれる時間の目盛りの間隔が広いということです。このような地層では、地層を細かく観察することによって、地球や生命の歴史を、高い時間分解能で認識することができます。一方で堆積速度が遅い場合には、地層に刻まれる時間の目盛りの間隔が狭いです。したがって過去の出来事の詳細を明らかにすることは難しいですが、非常に長い時間スケールで進行する現象を（大雑把にではあるものの）検出することができます。

時間スケールというのは、地層や化石を研究する際には常に気にしておかなければなりません。地層を研究することによって、過去の温暖化や寒冷化といった大規模な気候変動の様子を読み解くことができます。このような過去の大規模な気候変動のデータを解析したところ、興味深い関係性が明らかになっています。それは、温暖化であっても寒冷化であっても、気温変化幅の大きい大規模な気候変動ほど長い時間がかかっている、という関係性です。例えば、ジュラ紀前期には地球規模の温暖化が起こったことがわかっています。ジュラ紀前期の温暖化も、現在と同じく、その要因は二酸化炭素に代表される温室効果ガスが大量に放出されたことだと考えられています。この温暖化によって、陸域でも海域でもさまざまな環境変動が引き起こされ、その結果として陸域でも海域でも多くの生物種が絶滅してしまいました。ジュラ紀といえば、陸上では恐竜が闊歩（かっぽ）していた地質年代ですが、このときの温暖化では、海洋表層水温が約６～７℃も上昇したという記録が残っています。現在も地球規模での温暖化が進行していますが、海洋表層水温の上昇は約０・３５℃です。

これだけ見ると、ジュラ紀前期の温暖化というのが現在の10倍以上という考えられないほどの大規模な気候変動のように感じるかもしれません。しかし、温度上昇幅だけで判断するのではなく、温暖化速度はいかがでしょうか？　それを考えるためには、海洋の温暖化に要した時間スケールを知る必要があります。ジュラ紀前期の温暖化に要した時間は、約数十万年だと考えられています。それに対して、現在の温暖化は約50年の記録を比較したものです。さて、温暖化速度は、温度上昇幅÷時間で求めることができます。計算を簡単にするために、ジュラ紀前期の温暖化では10万年で７℃上昇したと考えて計算すると、１００年間で０・００７℃という温暖化速度になります。一方で現在の温暖化速度は、０・３５℃÷50年＝１年間で０・００７℃となります。すなわち、海洋の温暖化速度で比較すると、現在の温暖化のほうがジュラ紀前期の温暖化に比べると１００倍も速い速度で進行していることになります。果たして、これは本当なのでしょうか？

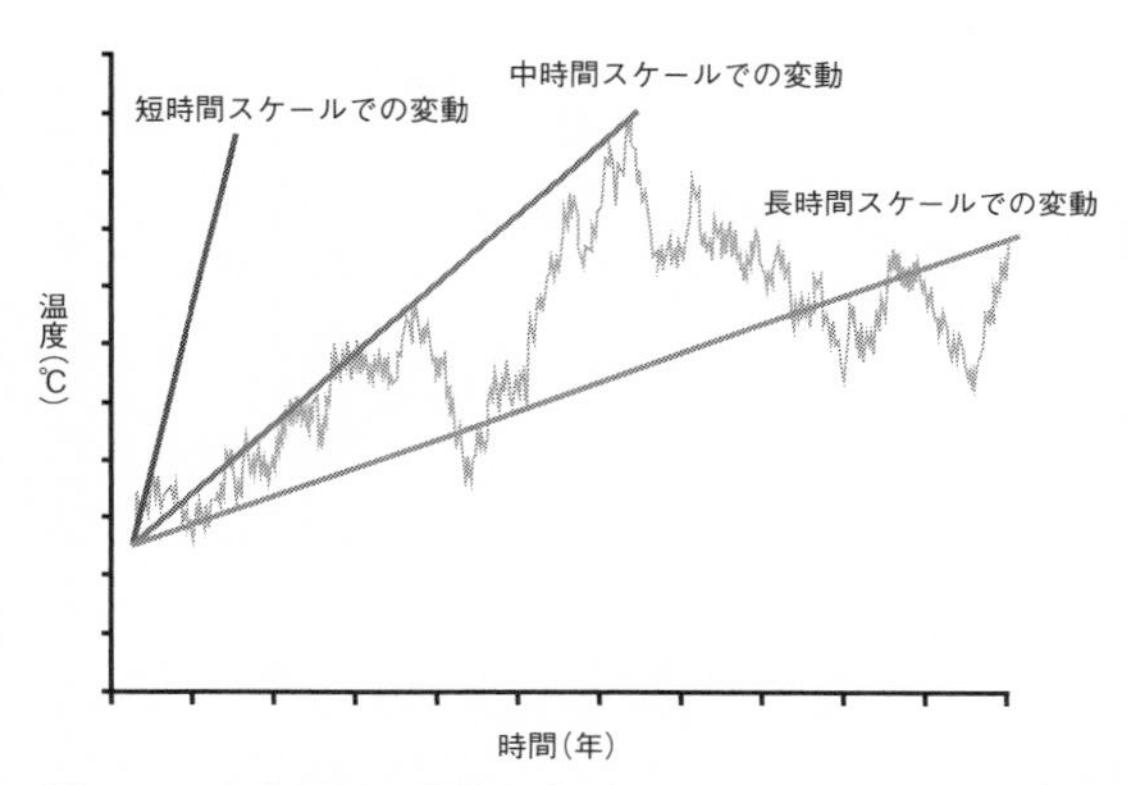

図2－9　変動記録は単純な右肩上がりにはならない。気候変動をどの時間スケールで見るかによって気候変動の速度が変わってくる。David Kemp 博士の講演の際に視聴したグラフを基に作図

おそらく、この温暖化速度の差というのは、古い地層ならではの問題に起因する「見かけの効果」であると思われます。古い地層というのは、年代測定の誤差が大きかったり、あるいは地層の欠落があったりして、短時間の変動の記録が保存されにくいのです。仮想的なデータですが、図2－9をご覧ください。温暖化といっても、常に右肩上がりで温度が上昇するわけではないはずです。上がったり下がったりしながら、全体の傾向としては着実に温暖化している、というほうが実態に近いでしょう。現在は気温をリアルタイムに観測することが可能なので、ある時期に気温が急上昇していく様子も捉えることができます。

これは、「短期間での温暖化速度」と言うことができるでしょう。しかし過去の気候変動となると、現在と同じような時間スケールで観測することは難しくなります。したがって過去の温暖化の記録は、必然的に「長期間で平均化した温暖化速度」になってしまい、短期間での温暖化速度よりも小さい値となってしまいます。

実はジュラ紀前期の温暖化も、少なくともある時期には、現在と同じくらいの速度で海洋表層での温暖化が起こっていたかもしれません。その理由は、海洋酸性化の証拠が知られているからです。海洋酸性化は地質学的に見ると非常に短期間（数百年〜千年くらい）で大量の二酸化炭素が海水に溶け込まなければ起こらない現象だと考えられるからです。

このように、特に古い地層になると短期間での変動の証拠が残りにくくなってしまうという「時間スケール問題」は、古生物学においては無視できないバイアスとなります。

第三章　古生物学の基礎知識

疑問だらけの大前提

第二章では、地層から古生物学的な情報を読み解く際のバイアスについて見てきました。改めて書き出してみると、如何(いか)に多くのバイアスが存在するのか、嫌と言うほど明らかになってきます。

しかし古生物学の研究においては、これらのバイアスとはまた別に、実は詳細がよくわかっていない（orまったくわかっていない）大前提というものも存在します。それも一つや二つではなく、たくさんあるのです。第三章では、古生物学の基礎知識と併せて、疑問だらけの大前提についても見ていくこととします。

軟組織も化石になることが⁉

さて、化石のでき方そのものは第一章で紹介しましたが、ここではもう少し突っ込んで考えてみたいと思います。アンモナイトは、イカやタコと同じ頭足類なので、特徴的な渦巻き状の殻の中には身（＝軟組織）が詰まっていたはずです。しかし実際には、アンモナイトの化石は殻の部分ばかりです。軟組織である身の部分は、どうなったのでしょうか？　第一章で述べた通り、身の部分は化石化する過程で、自己融解や微生物による分解を被り跡形もなくなってしまいます。特に微生物は環境中のいたるところに大量に存在しているので、微生物による軟組織の分解の影響は、化石化を考える上で避けて通れません。

鉱物でできている殻とは異なり、筋肉や内臓などの軟組織は主に水と有機物からできています。有機物は極めて還元的な物質なので、酸素などの酸化的な物質がふんだんに存在する空気中や水中では、軟組織は死後速やかに微生物によって酸化（＝分解）されてしまいます。最も身近な例としては、腐敗という現象でしょう。

化石化プロセスという古生物学的な視点で考えて、アンモナイトが何らかの要因によって死後速やかに海底の堆積物中に埋まったという場合を想定しましょう。しかし、有機物にとっては堆積物の中も安全ではありません。空気中や水中だけでなく、実は堆積物の中にもさまざまな種類の微生物が生息しているのです。実際のところ、堆積物は砂や泥などの固体粒子と、粒子間を充填している間隙水から構成されています。間隙水の中には酸素をはじめ酸化的な物質が多く存在しています。したがって、軟組織が速やかに堆積物中に埋まったとしても、結局のところは酸化されてしまうのです。

微生物によって有機物が酸化されると、二酸化炭素や水や栄養塩などの物質ができますが、それだけでなくエネルギーも放出されるという点も重要です。微生物の視点で考えると、有機物が分解される際に放出されるエネルギーを自身の生命活動に使っているのです。これこそが、まさに「呼吸」と呼ばれる代謝反応なのです。そうです、動物だけでなく、微生物も呼吸するのです。

アンモナイトの身の部分は、分解されてしまえば、当然化石としては残りません。しかし、です。稀にではありますが、カエルの胃や三葉虫の消化管やゴカイの筋肉やタコの身といった軟組織が化石化している実例が知られているのです。これは、大変驚くべきことです。さらに、動物体そのものではないですが、脊椎動物のウンチの化石というのも見つかっています。脊椎動物のウンチも、軟組織と同様、主に水と有機物からできています。通常であれば排泄後は速やかに微生物によって分解されてしまうはずで、化石として地層中に残ることはないはずです。これらは一体、どういうことなのでしょうか？　どのようにして、軟組織の化石ができるのでしょうか？

内臓などの軟組織や脊椎動物のウンチが化石化すると、いくつかの興味深い特徴があります。一つ目は、非常に保存状態が良いことです。普通の体化石はほとんどの場合、化石化する過程で欠損したり変形したりしてしまいます。しかし軟組織やウンチの化石の場合には、まるで死後（or排泄後）そのままの状態であるかのように、元の形状を保存しているような化石が多いのです。

二つ目は、軟組織やウンチの化石は鉱物に置換されていることです。一般に鉱物化した化石を構成するのはいくつかの特定の種類の鉱物ですが、軟組織（ウンチ含む）の形状が最も良好に保存されているのは、燐灰石（アパタイト）と呼ばれるリン酸塩鉱物によって置換されている場合です。

ただし脊椎動物のウンチの化石については、肉食動物のウンチ化石は主にアパタイトでできていますが、草食動物のウンチ化石は別の鉱物（炭酸塩鉱物など）でできている場合も多いようです。以降では、軟組織の化石と足並みを揃（そろ）えるために、ウンチ化石については肉食動物のものを考えることとします。化石化する場所ですが、海底の堆積物を想定します。第一章で触れましたが、陸上に比べて海底は圧倒的に地層ができやすい（したがって化石もできやすい）からです。

さて、ここで深掘りしたいのは、有機物がどのようにしてアパタイトになるのか、という点です。言うまでもなく、有機物とアパタイトはまったく異なる物質です。物質が異なるということは、化学式が異なるということです。つまり、化学反応が起こったということです（図3－1）。

アパタイトを構成している主要な元素は、リン（P）とカルシウム（Ca）です。堆積物粒子の間に存在する間隙水の中でアパタイトができるためには、水中に溶けているリン酸イオン（PO_4^{3-}）とカルシウムイオン（Ca^{2+}）が反応する必要があります。ただしリンの海水中での存在形態については複雑で、リン酸水素イオンなど他の種類のイオンも存在しますが、ここでは簡単に、代表としてリン酸イオンを考えることにしましょう。

次に、それぞれのイオンの由来を考えます。カルシウムイオンの出どころから見ていきましょう。実はカルシウムイオンは、環境中に豊富に存在しています。海水中にはたくさんの塩類が溶け込んでいますが、カルシウムイオンは海水に溶け込んでいるイオンの中で、存在量は重量パーセント換算で第5位です。海底堆積物中の間隙には海水が充塡しているので、間隙水中にもカルシウムイオンは豊富に存在します（図3-1）。

引き続きリン酸イオンの出どころを考えていきますが、ここで壁にぶち当たります。カルシウムイオンの濃度に比べると、海水中に溶けているリン酸イオンの濃度は圧倒的に少ないのです。モル濃度で換算すると、わずか約1万分の1程度です。特に海洋表層では、植物プランクトンによる光合成の際にほぼすべて使い尽くされてしまい、リン酸イオンは枯渇しています。リン酸は、植物や植物プランクトンにとって最重要な栄養の一つなのです。肥料の三大要素として、窒素・リン酸・カリウムという用語を学校で習った記憶がある方も多いかもしれません。死後に海水中を沈降する植物プランクトンが微生物によって分解される際にリン酸イオンが放出されるので、一般に海の中深層では、

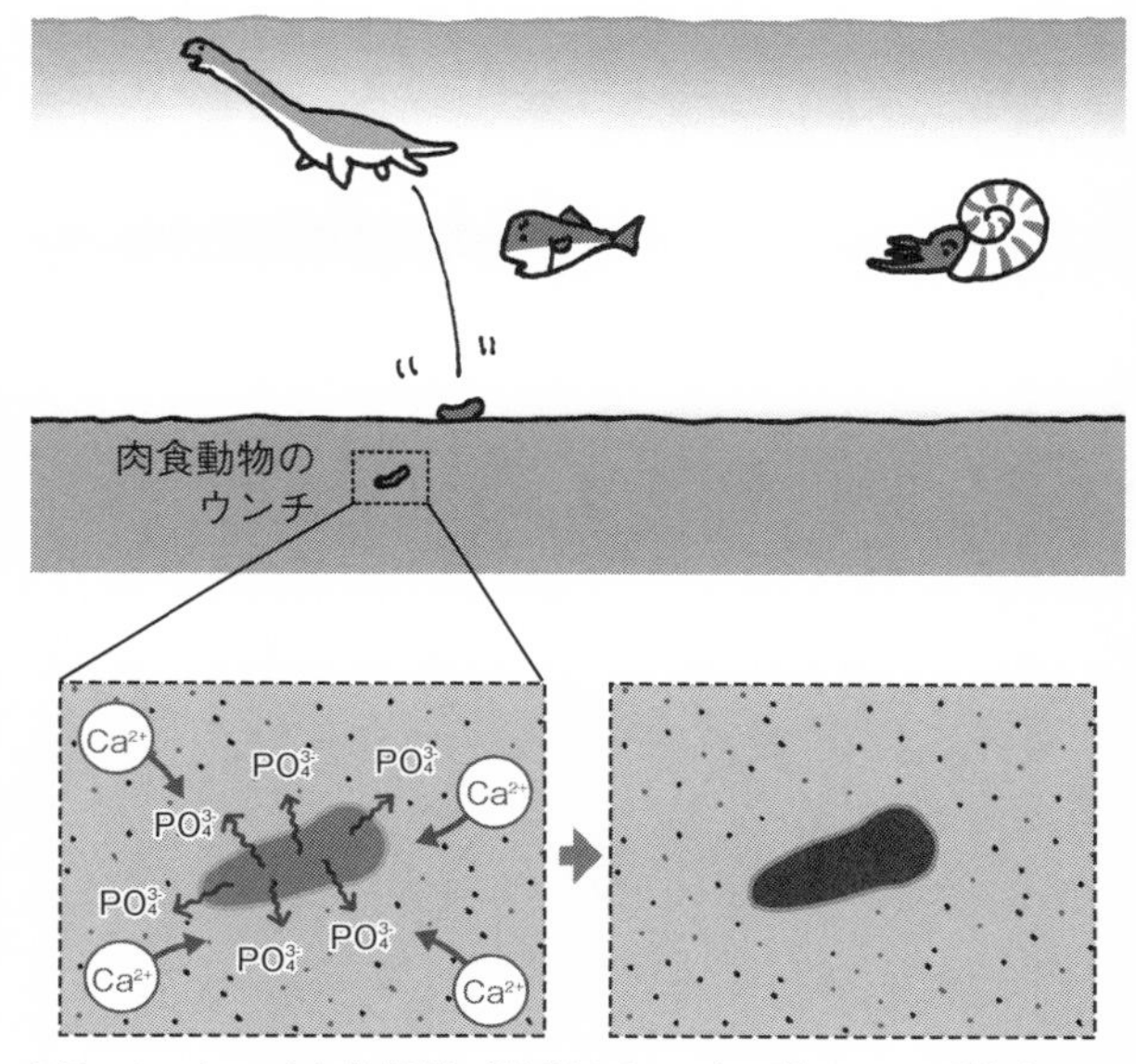

図3－1　ウンチや軟組織が分解され、リン酸イオンが放出される→リン酸イオンが拡散してしまう前に周囲の間隙水中に存在するカルシウムイオンと反応する→アパタイトの微結晶が形成される→ウンチや軟組織が元の形をとどめたままアパタイトに置き換わる（化石化）

表層に比べるとリン酸イオンの濃度はやや高いです。それでも、カルシウムイオンの濃度とは比べ物にならないくらいの微量成分です。

　このように考えると、アパタイトができるために必要な材料成分のうち、カルシウムイオンについては周囲の環境中から難なく入手できそうですが、リン酸イオンの方は望めそうもありません。それでは、リン酸イオンはどこからやってくるのでしょうか？それは、軟組織やウンチそれ自体です（図3－1）。

　海洋生物の軟組織やウンチを形作っている有機物を、元素レベルで見てみましょう。これらの有機物を構成している主要な元素は、炭素・水素・酸素・窒素・リンです。したがって、軟組織やウンチが微生物によって分解されると、これら五つの主要元素を含むさまざまな物質が放出されます。その中には、リン酸イオンやリン酸水素イオンも含まれます。有機物の主要5元素の中ではリンの比率が一番少ないのですが、それでも、海水中のリン酸イオンの圧倒的な少なさに比べたら、有機物の分解に伴い放出されるリン酸イオンは貴重な存在です。これこそが、アパタイトの生成に必要なリン酸イオンの出どころなのです。

こうして、軟組織やウンチの分解に伴いじわじわと放出されるリン酸イオンが、周囲に豊富に存在するカルシウムイオンと反応すると、アパタイトが生成されます。ただし、胃や消化管などの軟組織と同じサイズの「超巨大な」アパタイトの結晶がいきなりできるわけではありません。分解しつつある軟組織の内部や表面に、大きさわずか30nm（ナノメートル）程度のアパタイトの微結晶がたくさん生成されます。その結果、アパタイトの微結晶によって細胞の有機物が置き換えられると、細胞の形はそっくりそのままのアパタイト微結晶の集合体ができるわけです。このような反応が進行して最終的に、胃や軟組織全体がアパタイトで置き換わった化石が完成すると考えられています。

やはりまだまだ、疑問だらけ

ここで問題となるのは、二つあります。一つ目は、リン酸イオンの濃度です。分解されつつある軟組織やウンチからリン酸イオンが放出されるといっても、軟組織やウンチは無限に存在するわけでもないですし、そもそも軟組織やウンチに含まれるリンの量も決して多いとはいえません。軟組織やウンチがそっくりアパタイトに置き換わるためには、軟組織やウンチの中にどれくらいの濃度でリンが含まれていればいいのでしょうか？　この最も根本的な疑問ですが、残念ながら現状ではよくわかっていません。ただしリン濃度の値を具体的に示すことはできませんが、リンの含有率が高い組織（コラーゲンなど）であるほど、アパタイトに置換された化石ができやすいと考えられます。

一方で、元々のリンの含有率が低い組織（胃や消化管の外皮など）の場合には、リンを豊富に含む物質が外部から追加されなければ、アパタイトに置換された化石ができる可能性は低いでしょう。これはすなわち、リンを豊富に含む物質が餌として取り込まれたということを意味します。骨や歯は元々アパタイトでできていますし、コラーゲンもリンを豊富に含みます。したがって、特に肉食動物の胃や消化管のほうが、草食動物のそれに比べると、アパタイトに置換されやすそうです。この流れで考えると、アパタイトでできている胃やウンチの化石の多くは肉食動物のものだという観察事実とも整合的です。

ただし実際のところは、アパタイトに置換されている軟組織やウンチの化石が極めて少ないという事実を踏まえると、多くの場合には、軟組織やウンチが分解されても十分な量のリン酸イオンが放出されないのでしょう。あるいは、量的には十分なリン酸イオンが放出されたとしても、速やかに（カルシウムイオンと反応するよりも早く）周囲に拡散していってしまうということも考えられます。

これに加えてもう一つの問題は、具体的な反応条件が不明ということです。アパタイトができるためには、材料物質であるリン酸イオンとカルシウムイオンが存在する必要があります。しかし、材料物質があるからといって必ずしも反応が起こるとは限らないのです。間隙水の中には、この2種のイオン以外にもさまざまなイオンがさまざまな濃度で存在しています。例えば、リン酸イオンではなく別のイオンのほうが、カルシウムイオンと反応しやすかったとしたらどうでしょうか？　その場合には、リン酸イオンとカルシウムイオンは確かにそこに存在しているにもかかわらず、両者が反応してアパタイトができることはなく、別の物質ができます。

これが実際に起こる場合もあるようです。間隙水中には、炭酸イオン（CO_3^{2-}）も存在しています。この炭酸イオンは、リン酸イオンよりもはるかに多くの量が溶け込んでいます。炭酸イオンとカルシウムイオンが反応すると、炭酸カルシウムという物質ができます。これは炭酸塩鉱物の一種です。

生物遺骸の分解に伴い、その周囲に急速に炭酸塩鉱物が生成すると、炭酸塩コンクリーションというものが形成されます（図3－2）。このとき、最終的に形成された炭酸塩コンクリーションの中心部には化石が保存されることがありますが、その場合は化石の保存状態は良好です。これはまさに、軟組織の分解に伴いアパタイトではなく炭酸塩鉱物が**できてしまった**事例だと考えられます。炭酸塩コンクリーション中の化石は、古生物学者の格好の研究対象になっています。ただし軟組織やウンチの化石化という観点からすると、リン酸塩鉱物であるアパタイトに置換された化石のほうが重要になります。

魚の腐敗実験からわかったこと

それではどのような条件であれば、炭酸塩鉱物ができずに、アパタイトができるのでしょうか？　最も重要な要素は、間隙水中のpH（水中に溶けている水素イオンの濃度の指標）だと考えられています。pHが7であれば中性であり、7より小さいと酸性、7よりも大きいとアルカリ性となります。海水のpHは、海域や年代によってもばらつきますが、

図3－2　地層中に含まれる炭酸塩コンクリーション。高知県室戸半島

おおよそ8・0〜8・2程度の値です。炭酸塩鉱物は、pHが6・38よりも小さくなると、生成できなくなります。学校の理科の授業で、チョーク（炭酸塩鉱物でできています）に強酸性の溶液である塩酸を滴下すると気泡を発生しながら溶けてしまう、という実験をした方も多いのではないでしょうか？

したがって炭酸塩鉱物ができずにアパタイトができるためには、軟組織やウンチが存在している周囲の間隙水のpHが6・38を下回る必要があります。最近の研究で、魚を腐敗させて部位ごと（胃、肝臓、消化管、筋肉など）のpHの変化をモニタリングする実験が行われました。最初の数日はpHが急激に低下し、その後はしばらく一定の値をキープします。pHが6・38を下回っている時間は、おおよそ30日程度であることがわかりました。それを過ぎると、pHは微増します。そうなると、アパタイトはできずに炭酸塩鉱物ができやすい条件になってしまいます。

魚全体の腐敗プロセスを詳しく見ると、死後5〜6日後までには、内臓や筋肉などの部位は腐敗によって失われてしまいます。とすると、このころまでには分解に伴い放出されたリン酸イオンも周囲へと拡散していってしまっていることでしょう。そのため、軟組織の化石化（＝アパタイトへの置換）という観点で考えると、可能性がありそうなのは死後5日以内が重要になってきそうです。

しかしこの魚腐敗実験の研究でも、アパタイトの生成は確認されませんでした。おそらく、「観察されなかった」という方が正しいのかもしれません。なにせ、30nmというアパタイトの微粒子は肉眼で見られるはずもなく、電子顕微鏡という特殊な顕微鏡でなければ観察することはできないのです。この研究では顕微鏡観察は行われていないので真相はわかりませんが、pHが6・38以下というのはアパタイト生成にとって好ましい条件の一つであって、他にもまだ知られていない重要な条件があるのかもしれません。今後の研究に期待です。ただし別の研究では、エビの一種の腐敗実験を行い、実験開始後2週間程度でアパタイトの微結晶が形成されたという事例もあり、大変興味深いです。

ともあれ、アパタイトで置換された保存状態が良好な軟組織の化石という、古生物学者であれば知らない人はいないという代物であっても、「なぜそれができるのか?」という至極シンプルな疑問にも満足に答えることができないのが現状です。どの学問分野も同様かもしれませんが、簡単(そうに聞こえるよう)な疑問ほど、意外と解明されていないということなのかもしれません。

化石化にかかる時間はどれくらい?

第一章で、慣習的に1万年前よりも古いものを化石と呼ぶことが多いというのは紹介しました。しかし、化石ができるのにかかる時間については、まったく触れていませんでした。遺骸が化石になるまでには、一体どれほどの時間がかかっているのでしょうか?

この問いも、古生物学においては根本的な問いであるにもかかわらず、実はよくわかっていません。体化石ができる際には、さまざまな化学反応が起こって硬組織（こうそしき）の成分が変化したり、新しい物質ができたりすることもある、ということを紹介しました。すなわち遺骸と化石は、単に死後経過時間が異なるというだけでなく、物質も異なるということです。したがって、化石化にかかる時間を考えるということは、遺骸から化石になる際の物質の変化がどのくらいの時間で起こるのかを考える、と読み替えることができます。おそらく、ケースバイケースだと思います。……こう言うと、考えるのを突然放棄したかのような印象かもしれませんが、「必ず○○年」ときっぱり答えられるような問いではないはずです。したがって本節では、いくつかの事例に絞って考えていくことにしましょう。

まず一つ目は、前とのつながりもあるので、内臓などの軟組織や脊椎動物のウンチの化石についてです。この場合、有機物がアパタイトに置換されることで、（本来であれば柔らかく変形しやすいであろう）元の形状を、地層の中でもとどめているのです。そのような化石と周囲の地層をよくよく観察すると、ある重要なことに気が付きます。それは、地層の縞模様が化石の輪郭に沿って湾曲している、ということです（図3－3）。

第一章で紹介したように、海底などに降り積もった堆積物粒子が時間をかけて固結していくことで、最終的に堆積岩となり、地層ができます。その際、固結して岩石になる前の堆積物は、さらに後から降り積もってくる堆積物の重さによって、押しつぶされて薄くなります。正確に言うと、堆積物を構成している固体粒子そのものがつぶれるわけではなく、間隙水が抜けていくことによって堆積物全体が薄く収縮していくのです。この作用を、圧密と呼んでいます。圧密作用により、固結した地層になったときには、必ず元の堆積物の厚さよりも薄くなっています。ここで再び、図3－3を見てみましょう。地層の縞模様が化石の輪郭に沿って湾曲しているということは、圧密作用によって堆積物は薄く収縮していったけれども、化石のほうはほとんど変形がなかったことを示しています。

したがって、軟組織や脊椎動物のウンチは、堆積物が固結するのにかかる時間に比べると、かなり早い段階で鉱物に置換されて化石化していたであろうことが推察されます。実際には、前述の通り、もしかしたら5日～2週間程度で化石化が進行していたかもしれません。とはいえ、アパタイトによる有機物の置換が実際にどのような条件で起こるのかという点については、依然として不明な点が多いのです。

ここで終わるのも何だか悔しいので、二つ目の事例として、最近の研究によって一気に理解が促進した事例も紹介しましょう。前出の炭酸塩コンクリーション、というのがキーワードです。炭酸塩コンクリーションとは、炭酸カルシウム（$CaCO_3$）を主成分とする球状・楕円体状・シート状の岩塊で、泥岩を主体とする地層の中にゴロンと埋まっています。これを含む地層は、遠目からでもかなり目立ちます（図3－2）。

古生物学においては、古くから炭酸塩コンクリーションは注目の的でした。というのも、炭酸塩コンクリーションの中心部には保存状態が良好なアンモナイトや貝類の殻などの化石が含まれている場合があるからです。

炭酸塩コンクリーションを観察すると、その輪郭に沿って周囲の地層の縞模様が湾曲していることもしばしばです（図3－2）。このような状況証拠から、かねてより、炭酸塩コンクリーションは生物遺骸を核として堆積物中で速やかに形成されるものと考えられていました。

図3－3　地層の縞模様がウンチ化石の輪郭に沿って湾曲している。宮城県南三陸町産の化石。Nakajima & Izumi (2014)[27] の図示標本

２０１８年、日本人を中心とする研究グループにより、球状の炭酸塩コンクリーションの成因に関する一般論が導かれました。国内外の１００個以上の炭酸塩コンクリーションを研究した結果、炭酸塩コンクリーションは生物起源の炭素と海水中のカルシウムイオンとの急速な反応で形成されることがわかりました。

ただし正確には、炭素（Ｃ）が直接カルシウムイオンと反応するのではなく、遺骸の軟組織が分解されるとまずは炭酸水素イオン（HCO_3^-）が放出されます。その次に、炭酸水素イオンはさらに反応して炭酸イオン（CO_3^{2-}）になります。こ

の炭酸イオンが、カルシウムイオンと反応して炭酸カルシウムができるのです。

ここで重要なのが、炭酸カルシウムができるのにかかる時間です。研究グループによると、炭酸塩コンクリーションの形成速度は従来考えられていたよりも圧倒的に早かったということです。驚くべきことに、数か月〜数年でメートル級サイズの球状炭酸塩コンクリーションができる（＝化石ができる）ようです！　アパタイトの事例に続き、ここでもまさか日常生活の時間スケールで化石ができるとは、これは相当な驚きです。もしかしたら、いま私たちが生活しているこの瞬間にも、海底の堆積物のどこかでは人知れずに球状炭酸塩コンクリーションができているかもしれません。

どのくらいの生物が化石として残されているのか

前述の通り、化石として残されるのは古生物のうちほんの一部です。では、すべての古生物のうち化石として残されている割合はどのくらいなのでしょうか？　1％くらい？　あるいは0・1％くらい？　はたまた0・01％くらい？　おそらくもっと低いはずですが、実は数値をきちんと見積もったような研究は（少なくとも私が知る限り）

存在しません。化石は古生物学の主要な研究対象であるにもかかわらず、化石化する割合という根源的に重要な問いにビシッと答えることができないのです。この問いもまた、古生物学における疑問だらけの大前提と言えるでしょう。

とはいえ、「わかりません」で終わるのは、古生物学者としては思考停止と言わざるを得ません。本節では、化石化する割合について、少し深掘りしながら考えていきましょう。

まず一つ絶対的に言えることは、「化石化する割合は0％ではない」ということです。その根拠は、実際に化石が見つかっているということに他なりません。これは当たり前のようですが、非常に大事な第一歩です。0％ではないですが、化石のでき方や地球上の生物の種類などを考えると、限りなく0％に近いと考えられます。まず、必然的に殻や骨や歯などの鉱物からできている硬組織が圧倒的に化石として残りやすいです。地球上にはさまざまな生物が存在しますが、鉱物質の硬組織を持っている種類は、実は少数派なのです。次にこれまでに知られている化石種は、約25万~30万種ほどと言われています。この数字だけ見ると、とても多いように感じます。絶滅種を含み、地球上にこれまでに存在した全生物の総種数は不明ですが、少なくとも現在地球上に生息している生物の種数だけを考えても、知られている化石種の数よりも多いのです。

ここからはしばらく、生物の種数という観点で考えていきましょう。現在の地球上の生物種数は、知られているだけでも約175万種と言われています。まだ知られていない種を含めると、推定種数は約870万種に上るとする見積もりもあるようです。既知種数の約175万種の内訳をみると、昆虫が約95万種と、およそ半分を占めています。カブトムシやクワガタなど人気の昆虫を思い浮かべると、かなり硬い外骨格を持っています。これらの昆虫は化石に残りやすそうな気がしますが、実は昆虫の体表はクチクラで覆われており、これがいわゆる外骨格を形成しています。クチクラは、キチン質の多糖類やタンパク質などを主成分としており、鉱物ではありません。したがってこの時点で、地球上の生物の約半数は、鉱物質の硬組織を持っていないということになります。既知種数は動物が圧倒的に多く、ウイルスやバクテリアなどの微生物や、菌類などの生物は、既知種数の約10%程度のようです。これらの生物も、多くは鉱物質の硬組織は持ちません。

さらに注意が必要なのは、バクテリアなどの微生物です。現在では約1万種のバクテリアが培養されていますが、環境中には培養できないバクテリアも多数存在しています。培養可能な既知のバクテリア種数は、おそらく環境中の全バクテリアの0・1％にも満たないと考えられています。単純計算で、1000万種以上ものバクテリアが存在していることになります。

このように種数ベースで考えると、（絶滅種を含む）これまで地球上に存在した全生物の総種数のうち、化石として見つかっている種数の割合は極めて低いであろうと思われます。ただし、今現在生息している生物の種数を推定することも相当に難しいので、これまで地球上に存在した全生物の総種数の推定はもっともっと、比べ物にならないくらい難しいはずです。不確定要素があまりにも多すぎるためです。それに、生物の種の定義は難しいので、以下では種数ベースの数値ではなく、存在量（質量）ベースの数値を見積もってみたいと思います。そもそも、現在生きている生物であっても、種を認定することは大変に難しいのです。一方で、目の前にいる生物がどのような種なのかがわからなかった場合であっても、その生物の標本を採集できるのであれば、体長や体重といった量に関するデータを取得することはできる（場合が多い）からです。

さて、それでは生物の存在量という視点から考えてみましょう。種の多様性という観点では、既知種であれば昆虫が、未知種を含めればおそらくバクテリアなどの微生物が、大半を占めます。しかし、特に微生物は非常に小さく、その分、非常に数が多いです。例えば海や川の水１mℓ中には約10万匹以上の微生物が、人間の腸内には約１０００兆匹の微生物が生息しているとも言われています。一方で、１匹の微生物の質量は非常に小さいです。例えば有名なバクテリアの一種である大腸菌１匹の質量は、約１pg（ピコグラムという単位で、1pg＝10^{-12}g）です。人間の腸内に約１０００兆匹もいる腸内細菌ですが、その総重量はわずか１・５〜２kg程度です。したがって、どのくらいの種数なのかという観点だけでなく、どのくらいの存在量なのかという観点も重要になります。

地球上の生物の存在量は約１兆１０００億トン、生物の主成分である炭素の質量で表現すると約５５０Gt（ギガトン、＝５５００億トン）とも言われています。質量ベースで考えると、植物が圧倒的に多いことが知られています。炭素量ベースで約４５０Gtに相当すると考えられているため、実に８割程度にもなるのです！　種数では圧倒していた昆虫や微生物ですが、存在量で見ると植物には遠く及びません。ただし、やはりバクテリアは種数・存在量ともに相当多く、存在量で見たときも第2位です。ただし数値としては約70Gtということで、植物の約6分の1となります。

存在量の数値だけを見るとすさまじい量に感じますが、ここで考えるのをストップするのではなく、少し思考実験をしてみましょう。化石のでき方を考えると、化石として残っている割合は種によって大きく異なるはずです。鉱物質の硬組織を持つ種のほうが、そうでない種に比べて圧倒的に化石として残りやすいはずです。しかしここでは、こうした種による違いは（本質的ではあるのですがあまりにも不明なことばかりなので）考えないことにします。本音としては考えたいのですが……。

ともあれ、ここでは思考実験の問いを「これまで地球上に生息してきた全生物のうち、どのくらいの割合のものが化石として地層に残されているのか」と設定しましょう。この問いに取り掛かるためには、これまでに生息してきた生物の存在量の累計値をまずは見積もる必要があります（図3－4）。不明なことが多すぎて詳細に計算するのは難しいので、仮定と近似を重ねて概算の概算の概算値を推定することにしましょう。

まずは現在の生物の存在量を1兆トンと近似して、これを1×10^{12}t $= 1 \times 10^{15}$kgというように表現しましょう。これは指数関数で表記しており、10の右上の数字が12のときは「10を12回かけている」ことを示します。すなわち、1の隣に0が12個並んでいる数値、という意味なのです。大きな桁の数値になると0000……と0がたくさん並ぶので、書くのも読むのも面倒です。指数関数の形で表記すると、慣れてくれば、大きな数でもかなり楽に扱えるようになるのです。さて、この1×10^{15}kgというのは、あくまで「今現在、この地球上に存在している生物の総質量」です。最近の研究成果によると、約40億年前の岩石の中にも生命活動の証拠が残されていたことがわかっています。したがって、（第二章で紹介したように何度かの大量絶滅はあったものの）少なくとも40億年間は地球上に生命が存在し続けています。ある瞬間における地球上の生物の存在量が、40億年前から現在まで、ずっと一定であったとは考えられません。第二章の「古い年代の地層ほど少ない」の節でも紹介した通り、（地層の現存量が一定ではないというバイアスが少なからず影響を与えているものの）地球の生物の多様性は、非常に大雑把に見ると時間とともに増加してきています。

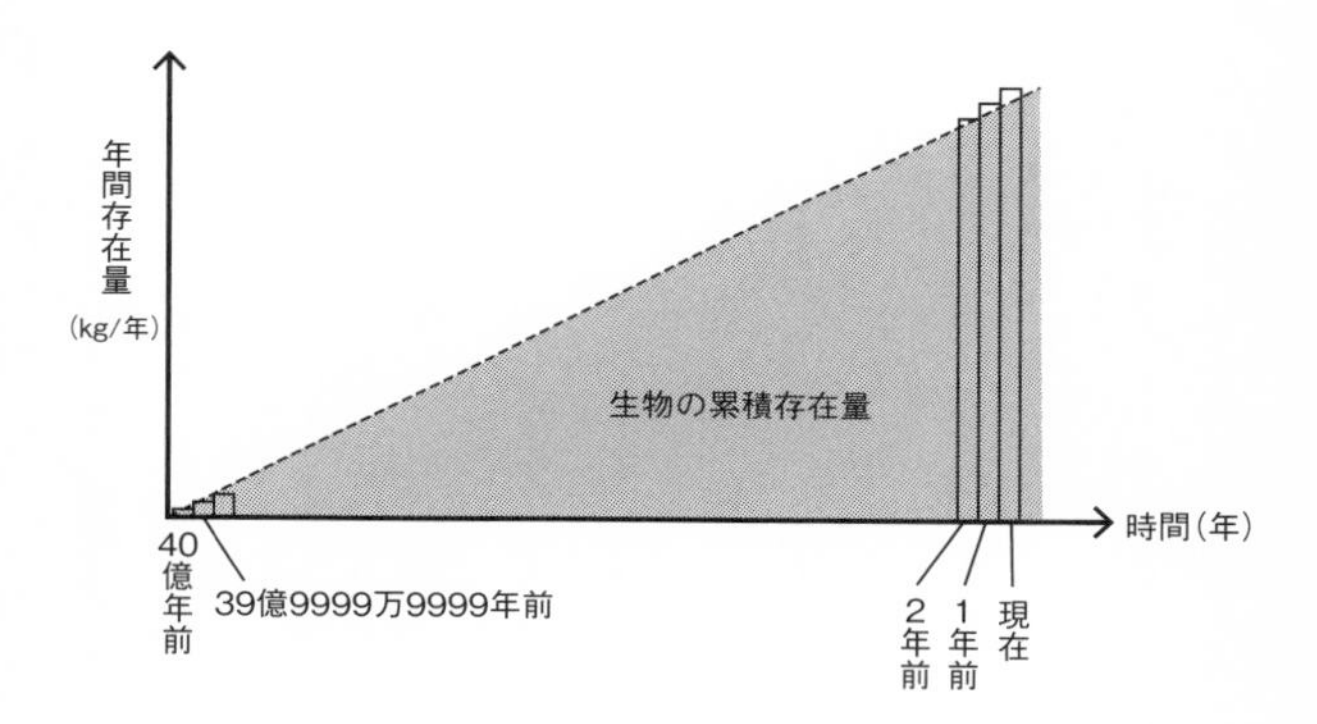

図3－4　地球上に生息していた全生物の存在量を計算してみる。大胆過ぎる仮定を置かないと計算するのが難しい……

生物の累積存在量＝40億(年)$\times 10^{15}$(kg/年)$\times \frac{1}{2}$　＝　2×10^{24}kg

ここで、自分でも震えが止まらなくなりそうな雑すぎる近似として、ある時刻における地球上の生物の1年間当たりの存在量が、右肩上がり（＝直線的）に増えていると考えます（図３－４）。つまり、40億年前は０kg／年で現在は1×10^{15}kg／年だとするのです。不明なことが多すぎる問題を大雑把に考えているということなので、直線的に増えてきたという直接的な根拠はないので、この点はご注意願います。もう一つの主要な不明点は、生物の存在量を1年間当たりの数値としてとらえて良いのかという点です。地球上のすべての生物の寿命がきっかり1年であれば、1年ごとにすべての生物が入れ替わるはずです。すなわち、２０２３年に地球上に存在しているすべての生き物は、２０２２年にも２０２４年にも存在しないはずです。しかし当然、そんなことはあまりにも非現実的です。実際、私は２０２２年も２０２３年も生存していますし、（希望的には）２０２４年も生存しているからです。ヒトのような長寿の生き物であれば、1年前と現在で、同一人物が地球上に存在していることが珍しくないため、このような場合にはダブルカウントとなり、実際の存在量を過大評価していることになります。存在量ベースで考えると植物の割合が高く、植生タイプで分けて考えると、存在量の多くは森林が担っています。森林には草（専門的には草本といいます）と木（専門的には木本）の両方があります。草本の寿命は1年程度であることが多いのに対して、木本は長寿です。このことを考えると、植物については、1年で全植物がリニューアルすると考えるのは無理がありそうで、かなりの過大評価になってしまいそうです。

しかし、一般に小型の生物は寿命が短く世代交代のサイクルが速いことが知られています。特に微生物ではその影響は顕著で、例えば大腸菌の場合には最大で約20分おきに倍増すると言われていますので、微生物は過小評価していることになります。

以上のように世代交代にかかる時間スケールによって、過大評価になったり過小評価になったりしますが、ここは思い切って、平均的な世代交代の期間が1年と考えて先に進むことにしましょう。何が嬉しいかというと、このように考えると計算は非常に簡単になるのです。横軸に時間（単位：年）、縦軸に年間存在量（単位：kg／年）をとると、中学校で習うような一次関数（直線）の形で表現できるのです（図3－4）。したがって、これまで地球上に存在したすべての生物の累積存在量は、図3－4のシェードで示された部分（三角形）の面積として表現できます。具体的な数値は、40億（年）$\times 1 \times 10^{15}$（kg/

年）×1/2＝2×10^{24}kgと計算できます。

ところで、現存している地層の量はどれくらいでしょうか？　地層の実体は堆積岩なので、現在の地球表層に堆積岩が（質量にして）どの程度存在しているかを知るのが重要です。こちらについても、概算していきましょう（図3－5）。堆積岩は地表には多く分布していますが、体積に換算すると、地殻（岩石惑星として地球の内部構造を見ると玉ねぎ状の層構造をしていますが、その最外部に相当する薄い岩石層）全体の5％程度だと考えられています。地球の平均半径は約6371㎞とし、地殻の厚さは種類や場所によっても幅がありますが、平均的な厚さとして約30㎞としましょう。地球の形状は本当は楕円体ですが、ここでは完全な球体だと近似して計算を行うと、地殻の体積は約1.52×10^{10}km^{3}となります。堆積岩の体積は地殻全体の5％程度と考えられているので、7.61×10^8km^{3}です。ここで、上述の生物の累積存在量は質量（kg）で示されているので、比較するためには地層の方も質量を求めなければなりません。体積から質量を求めるためには、密度（単位はg／㎤など）の値が必要になります。堆積岩の密度は種類によって異なり、幅がありますが、ここでは平均的な密度として2・5g／㎤という値を使いまし

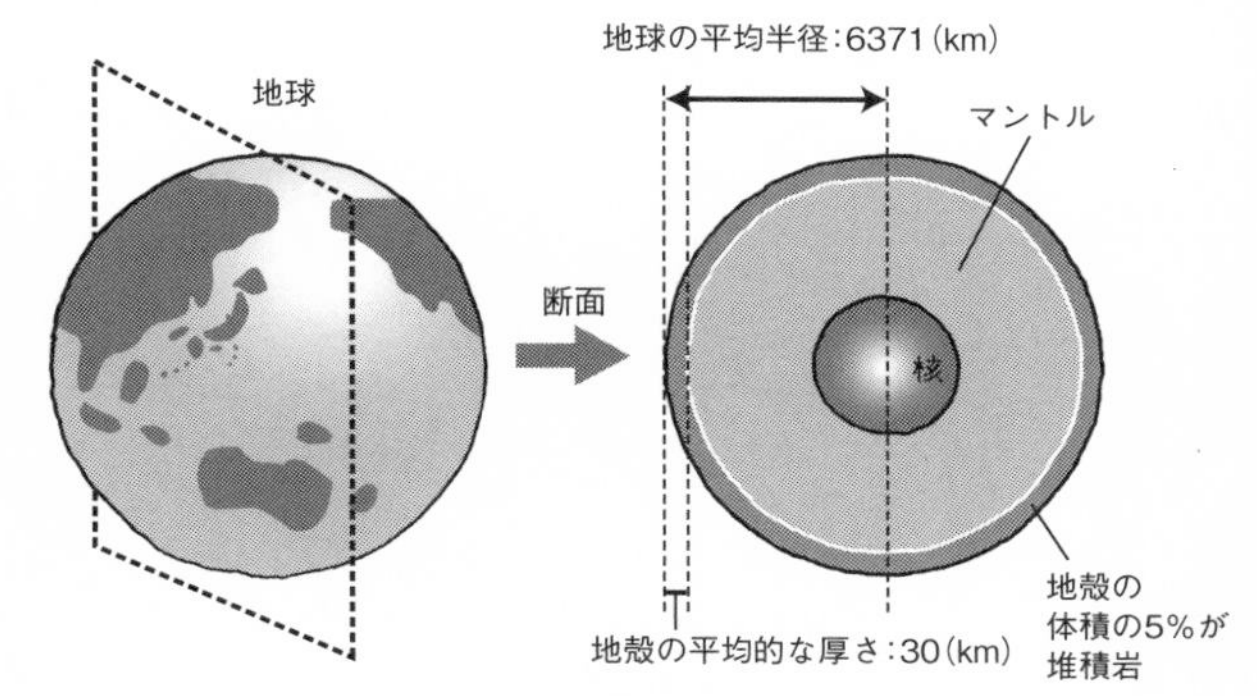

図3－5　現存している地層の量を計算する

地殻の体積（km³）

$\frac{4}{3}\times 3.14\times 6371^3-\frac{4}{3}\times 3.14\times (6371-30)^3=1.52\times 10^{10}$km³

堆積岩の体積（km³）

$1.52\times 10^{10}\times 0.05=7.61\times 10^{8}$（km³）

堆積岩の質量（kg）

密度の値2.5（g/cm³）を使って単位変換に注意すると、

約2×10^{21}（kg）

ょう。そうすると、現在地球上に存在している堆積岩の質量をようやく計算できます。具体的には、1.90×10^{21}kgという値が得られますが、今後の比較を簡単にするために、2×10^{21}kgとしましょう。

計算の部分がだいぶ長くなってしまいましたが、ようやく「これまで地球上に生息してきた全生物のうち、どのくらいの割合のものが化石として地層に残されているのか」という問いに答える準備ができました。生物の累積存在量が2×10^{24}kgであるのに対して、堆積岩の現存量が2×10^{21}kgであるということは、これまで生息していたすべての生物が化石として保存されているとしたら、それだけで現存する堆積岩の量を遥(はる)かに超えてしまっています。現実的にはあり得ませんが、万が一、現存するすべての堆積岩が100％化石でできているとしたら、これまでに地球上に生息してきた全生物のうちの1000分の1、つまり0・1％が化石として保存されているという推定になります。

しかし繰り返しますが、このようなことはあり得ません。なぜなら、どんなに有名な化石産地の地層を調査していたとしても、量的には化石でないない岩石のほうが圧倒的に多いのです。したがって最後に考えるべきは地層の化石含有率、すなわち「地層の質量に対して含まれる化石の質量はどの程度か?」ということです。今さらですが、ここで言う化石とは、いわゆる「普通の化石」である体化石に限定することとします。厳密に考えると、顕微鏡でなければ観察できないような微化石であったり、分子化石(生物に由来する有機高分子が地層中に保存されたもの)も、当然化石に含むべきです。しかし、「これまで地球上に生息してきた全生物のうち、どのくらいの割合のものが化石として地層に残されているのか」という問いを発したとき、発問者が期待しているのは、ほとんどの場合は体化石のことだと思うからです。

それでは、地層中の体化石含有率について具体的に考えていきましょう。ただし、これについても地層ごとに非常に幅があり、見積もりは難しいのが事実です。とはいえ、ここは思い切って私のこれまでの調査経験を基に推定していくことにします。私が最も長く調査を続けている、山口県内のジュラ紀の地層を例にとって考えます。ここの地層は、アンモナイトなどの化石産地としても有名です。この地層では、私の専門である生痕化石に関する調査も実施していますが、むしろより重点的に取り組んできたのは、地層に記録された過去の環境変動に関する研究です。この場合、堆積岩サンプル(この地層の場合は泥岩サンプル）をたくさん採取して、プレパラートを作って構造を観察したり、粉末化して化学成分を分析したりします。化石を主要な研究対象とする場合には、（意識的であれ無意識的であれ）化石がありそうなところを重点的に調査します。これは誇張でもなんでもなく、全ての古生物学者が普通にやっていることです。しかし今回は、地層中の平均的な体化石含有率を知りたいのです。化石がありそうなところを重点的に調査していると、今回の場合には偏ったデータ（バイアス）となってしまいます。したがって、地層に記録された過去の環境変動に関する研究のために、一定間隔で泥岩サンプルを採取するような調査のほうが、今回の見積もりには適しています。

きちんとしたデータはないですが、ある一回の調査で採取する泥岩サンプルは、段ボール箱5箱くらいです。1箱は約25〜30kgになると思います（30kgを超すと重量制限がかかり配送できません）。ここでは簡単に、一度の調査で採取する泥岩サンプルは30kg×5箱＝150kgだと考えます。化石を対象とする調査ではないので、化石産地として有名な地層であるにもかかわらず、採取した泥岩サンプル中には大きくても数cm程度の植物片の化石が散在しているくらいで、その他にはアンモナイトなど目立った体化石はほぼ入っていません。化石産地として有名な地層であっても、どこもかしこも化石だらけということは珍しく、むしろ地層の特定の層準に化石が多いという場合が普通です。採取した泥岩サンプルから植物片化石だけを取り出して質量を計測したことはないですが、化石自体は非常に薄いので、量的にはかなり少ないはずです。おそらく、数十ｇといったところでしょうか。計算を簡単にするため、１５ｇとしましょう。したがって、地層中の体化石含有率は、15g/150kg = 1/10000となります。

以上の見積もりを、まとめてみましょう。生物の累積存在量が2×10^{24}kg、堆積岩の現存量が2×10^{21}kgでした。そして地層中の体化石含有率は1/10000（$=10^{-4}$）とすると、今現在の地球上に存在する体化石の総量は、$2\times10^{21}\times10^{-4}=2\times10^{17}$kgです。したがって、これまでに地球上に生息してきた全生物のうち化石として保存されている割合は、$(2\times10^{17})\div(2\times10^{24})=10^{-7}=1/10000000$、パーセントで表記するとこれに１００をかけるので０・００００１％という推定値になります。別の表現をすると、「古生物のうち99・９９９９％は化石として残らない」とも言えます。

……と、ここまで書いてきて、「化石として保存されている割合は、思っていたよりもだいぶ多いな」というのが正直な印象です。特段の根拠はないですが、もっともっと低いと思っていました。

本節で行ったような見積もりの方法は、フェルミ推定と呼ばれています。これは、実測が困難で捉えどころがないように思われる量について、いくつかの仮定を基に短時間で概算する手法です。実は日常生活でもいろいろな場面で人知れずフェルミ推定をしています。例えば、「東京都内にマンホールは何個存在するか?」、「シカゴには何人のピアノ調律師がいるか?」、「地球上にはアリが何匹存在するか?」といった問いの概算値を得る際に活躍する手法です。

ただし推定値を得る過程では、詳細不明な仮定を何個も何個も重ねています。もっと困った場合には、何かを仮定しようにもそもそもデータがないことも多いです。また一般に、フェルミ推定では仮定と計算ステップが多く、計算に使った値が少しずつずれていた場合に、それらが積もり積もって、最終的な計算結果が(真(しん)の値に比べて)大きくずれてしまうことも珍しくありません。なので、0・0001%という値も、真の値とは大きくずれているかもしれません。もしかしたら本当は0・0001%よりもっともっと低く、「古生物学者は古生物についてほぼ何も知らない」のかもしれません。あるいは反対にもっと大きく、「古生物学者は古生物を結構知っている」のかもしれません。

根拠はないですが、個人的に最も不明で、それゆえ推定値のずれの最大の要因になっていそうなのは、生物の累積存在量です。依然としてこの問題も、古生物学における疑問だらけの大前提なのです。

化石化のプロセスが、難しくすること

死に場所と化石化する場所

第一章では、アンモナイトを例にとって化石のでき方を説明しました。どの古生物を例にするかはケースバイケースですが、化石のでき方を説明している本やウェブサイトなどでは、本質的には同様の説明がなされます。このような「標準的な説明」においては、古生物が死んでしまったところから説明が始まることが多いです。

死に場所は生息範囲のいずれかの場所であろうというのは容易に想像ができますが、果たして化石化する場所はどうでしょうか？　標準的な説明では、死に場所と化石化する場所が（ほとんど）同じであるケースが大半です。本書の例では、水中で生息しているアンモナイトを例にとって説明したので、死に場所（おそらく海水中のどこか）と化石化する場所（海洋底の堆積物中）とは、微妙に場所が異なります。しかしこの場合は水深こそ違いますが、地球上の緯度経度で比較したら死に場所も化石化する場所も同一の座標で表現できます。すなわち、化石のでき方の標準的な説明においては、死に場所と化石化する場所は鉛直方向には違いがみられることがあるものの、水平方向で考えるとほぼ同一だと見なせるのです。

では全ての場合において、死に場所と化石化する場所は（水平方向で考えた場合であっても）本当に同一なのでしょうか？　おそらく、両者が大きく異なるということもしばしば起こっていたはずです。特に陸上の生物の場合には、死後にかなりの距離を運搬されて、生息場所と離れた場所で化石化することはよく起こりそうです。例えば、海底で形成された地層を調査していて、陸上植物の化石がわんさか見つかることはよくあります。川によって運搬された植物の破片が、最終的に海に流れ着いたのでしょう。さらに驚くべきことに、陸上動物である恐竜の化石が、海底でできた地層から発見された事例もあるのです。この場合は海に近い場所で暮らしていたのかもしれませんがこのような産状の化石が実際に見つかっているのですから、稀だけれども一定の確率で起こりうる現象なのでしょう。

それでは、死に場所と化石化する場所がどの程度異なるのでしょうか？　10ｍくらい？　あるいは1㎞くらい？　はたまた数㎞くらい？　しかし、化石の観察だけからでは具体的な数値を推定することは困難です。この問題もまた、古生物学における疑問だらけの大前提の一つです。本節では、この問題について掘り下げて考えていくことにします。

ところで、死に場所と化石化する場所が大きく異なると、何か困ることがあるのでしょうか？　特にその化石が示相化石（しそうかせき）である場合には、非常に困ったことが起こります。示相化石とは、地層が形成された当時の環境を推測する際に有用になる化石です。例えば、ある地層を調査していて、限られた環境（水深や水温など）でしか生息できない種の化石を見つけたとしましょう。このとき、「その地層は、この種が生息することができる環境で形成された」と推測することが可能になります。そして、この種が生息可能な環境の幅が狭ければ狭いほど、示相化石としての有用性は高まります。

少し具体的に考えてみましょう。地層から3種の貝化石（種①②③）が産出するという場合を考えます（図3－6）。その地層は更新世に海底で形成されたことまでは既知だとして、これら3種の化石に基づいて「どの程度の水深で形成された地層なのか？」ということを推定していきます。更新世の地層の場合、現在も生息している種の化石が産出することも珍しくないため、ここで発見された3種は全て現在も海底で生息している種だと仮定します。その場合、現在の観測データからそれぞれの種の生息水深がわかるので、この3種は非常に強力な示相化石となります。種①、②、③の生息水深が、それぞれ0～60m、10～200m、0～650mというデータがあったとします。このとき、この地層が形成されたのは、3種の生息水深が重複している範囲（水深10～60mの海底）である可能性が高いと判断できます。

しかし、です。これらの貝類の死に場所と化石化した場所が大幅に異なっていたとし

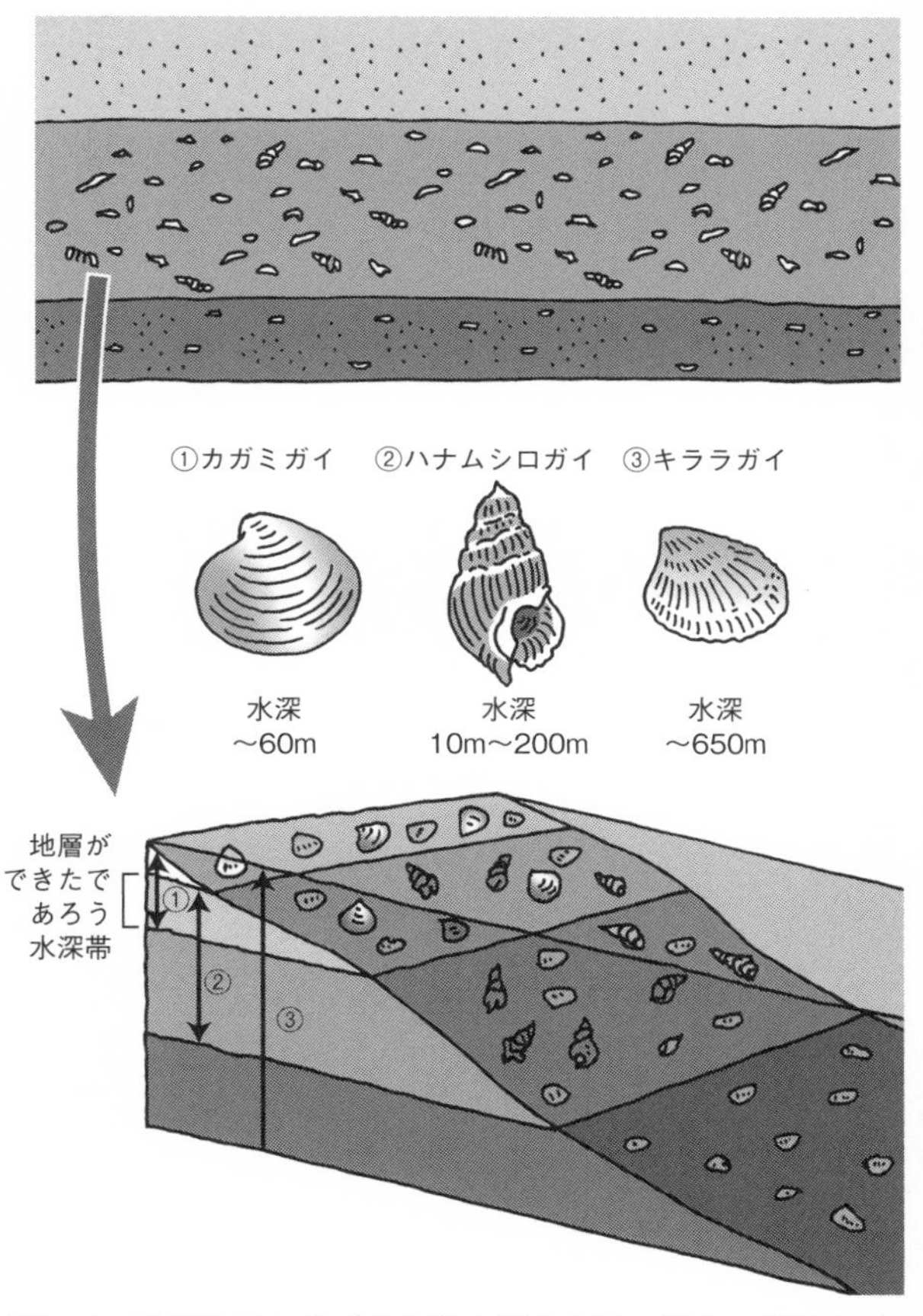

図3-6　示相化石に基づく地層の形成水深の推定。『化石のきほん』に基づき作図

たら、どうでしょうか？　海棲の二枚貝の多くは、堆積物の中に潜って生息しています。化石化するための第一歩は堆積物中に埋まることなので、生息場所で生涯を終えれば、化石として保存される確率はグッと上昇するはずです。しかし、もし海洋環境の悪化が起こって、それが原因で死んでしまった場合を考えましょう。ここでは、二枚貝などの底生生物の大きな脅威となる事例として、貧酸素化（海水中に溶けている酸素の濃度が大きく減少してしまうこと）を考えましょう。堆積物中に潜って生息している二枚貝たちも、海水や間隙水に含まれる酸素を使って呼吸をしています。しかし大規模な海の貧酸素化が起こると、逃避行動のためか、本来は堆積物中に潜っている二枚貝も堆積物表面に出てきてしまい、結局はそこで大量死してしまいます。このような大規模な海の貧酸素化というのは決して想像上の現象ではなく、実際に東京湾などで青潮が発生すると海の貧酸素化が起こります。青潮によってアサリなどの水産有用種の貝類が大量死してしまうと、ニュースなどで報道されることもあります（図3－7）。

二枚貝類の遺骸が堆積物の表面に出てきてしまうと、波や潮の流れによって、生息時の場所から遠くに運ばれやすくなります。それに、このような大量死現象が起こらなく

図3－7　海の貧酸素化で大量死してしまった貝類。2021年の東京湾で発生した青潮直後の様子。写真提供：東邦大学・大越健嗣博士

ても、波や流れの影響が及ぶような海底の場合には、貝類の死殻の一部はそのうち洗い出されて、別の場所へと移動してしまうことでしょう。

生息場所から見て陸の方向に運ばれるか、より沖合の方向に運ばれるかは、状況次第です。このような死後の移動は、本来は堆積物中に潜って生息している貝類であっても、決して珍しい現象ではないはずです。ただし物質の運搬は、重力に従って高いところから低いところに運ばれるのが基本です。川が流れて最終的に海に行きつくのも、同じ原理です。したがって海の貝の遺骸が生息場所から別の場所に運ばれる場合には、基本的には、より沖合で水深の深い方向に運搬されます。そうなると、たとえ示相化石として有用な種の二枚貝の殻であったとしても、元々の生息場所から離れた海底の堆積物に埋まって化石化してしまうと、その化石を基に地層の形成水深を推定した場合には誤った結論を導いてしまいます。

一方で海の貝の遺骸が陸方向に運ばれるというのは、一見すると不思議に思います。例えば海岸の砂浜を散歩していると、波打ち際の少しだけ陸側に貝殻がたくさん濃集(のうしゅう)している場所が見つかるはずです。感覚的には「海」と言った方がしっくりきそうな場所ですが、海と陸の境界が海岸線なので、定義上は「陸」になります。このような貝殻は今では陸上に打ち上げられていますが、もちろん、元から陸上で生活していたわけではありません。死後に運ばれてしまい、巡り巡って陸まで打ち上げられてしまったのでしょう。海岸を歩きながらきれいな貝殻などの漂流物を拾って楽しむビーチコーミングは、まさに海から陸への贈り物といえます。しかし古生物学的な文脈で見ると、「もしこの打ち上げられた貝殻が化石として地層中に残されたらどうなるだろうか？」と考えてしまいます。本来の生息場所から遠くに運ばれてしまった貝殻は、古生物学の研究材料として考えると本来の生息地を反映するものではないので、やや厄介な存在ということになります。

また、津波が起こった際にも海洋生物の遺骸が陸へ運搬されることがあります（図3－8）。津波の際には沿岸の堆積物が陸上に運ばれますが、その堆積物の中に珪藻（けいそう）の殻などの海洋生物の遺骸が含まれていると、それらも一緒に陸上に運ばれます。珪藻化石も、種類によっては示相化石となります。したがって地層そのものをよく観察せずに、含まれる珪藻化石だけを観察して「この地層は海底で形成されたものだ」と結論を導いてしまったとしたら……これは早急な判断だと言わざるを得ません。

このように、特に地層の形成環境を推定する際の重要なツールとなる示相化石の場合は、本来の生息場所から離れた場所で化石化してしまうと、途端に示相化石としての重要性が激減してしまいます。なので古生物学においては、地層からある化石を発見したとして、本来の生息場所と堆積物に埋まって化石化した場所との距離（死後運搬距離）が何m、あるいは何㎞くらいであるのかを具体的に推定することが重要になるはずです。

しかし今のところは、化石の観察を通して死後運搬距離を数値的に推定することは、研究例が乏しく、残念ながら不可能でしょう。死後運搬距離を推定するためには二通りのアプローチがあり得ます。一つは観測的・実験的なアプローチ、もう一つは理論的なアプローチです。

引き続き、海の二枚貝の例で考えましょう。前者については、例えば二枚貝の殻に油性マジックペンなどでマーカーを付けて、それが死後どこに移動したのかを追跡する方法があります。二枚貝の殻の成長量を実測する場合などにも、マーカー法が使われています。しかしマーカーを付けて一度海底に戻した個体を、この広い海のどこかから、も

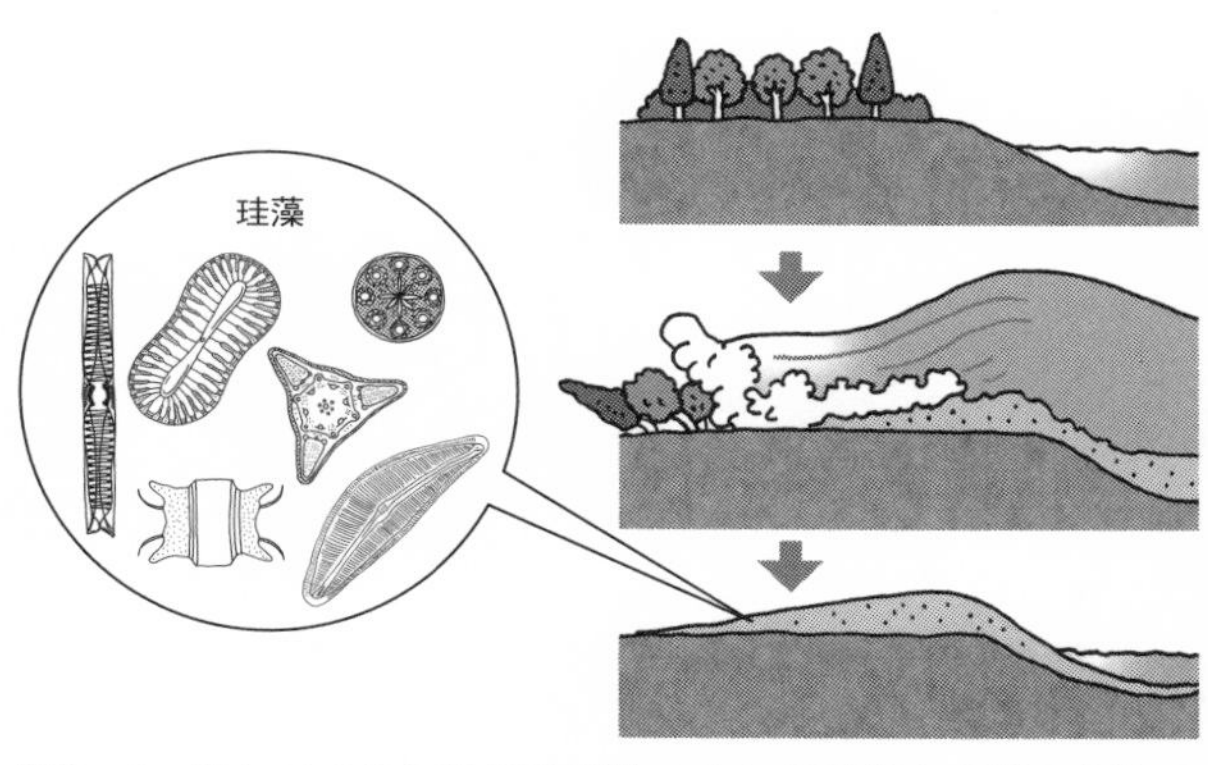

図3－8　陸上でできた津波堆積物の中には珪藻など海の生物の化石が含まれることもある

う一度探し当てることなどできるのでしょうか？　確率的にはゼロではないので、数学的には「見つけることが可能だ」と言えそうです。

ただ現実的には、この広い海底をくまなく探すのは、金銭的にも、時間的にも、探索装置の技術的にも不可能でしょう。こう考えると、国や民間財団に研究計画の申請書を書いて研究助成金に応募したとしても、この研究テーマが採択される可能性は低そうです。ほとんど成功の見込みがないわけですから……。

ただし、一つ可能性がありそうなのは、市民科学とのコラボレーションです。例えば底引き網で漁をする漁船や、海洋生物の調査をする研究機関、海岸の清掃活動を行う団体、ビーチコーミングを楽しむ個人など、マーカー付きの貝殻を発見する可能性がありそうな方々に、「こんな貝殻を探しています！」という情報を幅広く開示するのです。そうするともしかしたら、何年後か何十年後かはわかりませんが、一人の研究者が探し続けるよりは早く、マーカー付きの貝殻をどこかで発見することができるかもしれません。

次に、理論的なアプローチについて考えていきましょう。対象とする二枚貝種の殻のサイズや形状や密度といった生物学的な条件、そして海底付近の流速など水理学的な条件、さらに海底地形などの地形学的な条件など、事前に代表的な条件を設定します。それらの条件の組み合わせの下（もと）で、二枚貝の死殻がどの程度の距離運ばれうるかという具体的な数値を計算によって求めます。もちろん、設定する条件の数や不確定性の程度などによって、計算によって得られた推定値はかなり大きな幅を持つことが考えられます。

理想的には、実験・観測に基づくアプローチと、理論に基づくアプローチをいずれも行い、それぞれの結果をすり合わせていくことができれば、死後運搬距離の推定値の幅は、グッと精密になると期待されます。いずれにしろ、この問題もまた、古生物学における疑問だらけの大前提の一つといえそうです。

化石は元の形のままではない

化石は古生物の唯一の直接的な証拠ですが、化石の形は古生物の形を100%反映しているわけではありません。化石のでき方を考えると、保存状態が極めて良好な場合を除いて、大なり小なり変形しているはずです。では、遺骸が化石になる過程で、どの程度変形の影響を受けるのでしょうか?

実はこれもまた、よくわかっていません。遺骸が被る変形は一つではないと思われますが、主要なパターンの数はそう多くありません。例えば、欠損(一部が欠けて破片化したり、どこかに行ったりしてしまうこと)、ひび割れ(一部が割れてしまうこと)、圧密(上からの堆積物による加重で薄くなってしまうこと)などが挙げられます。

このような変形が起こると、化石の観察から、化石化する前の古生物が本来持っていた生物学的な情報を抽出することが難しくなります。まずは、欠損を考えましょう。ここでは、カニの化石を例にとってみます。カニは本来10本の脚を持っています。しかしカニが死んでしまうと、甲羅と脚は分離してしまうことが多いです。カニの化石は、保存状態がよければ10本の脚がすべて甲羅とくっついた状態（関節している状態）で見つかります。しかし多くの場合は、欠損した状態で見つかります（図3－9）。例えば鉗脚1本だけしか化石が見つからない、ということもしょっちゅうです。このように、元々は1個体であったものが、分離して、複数個の断片に分かれてしまうと、化石の個数と個体数が一致しなくなってしまいます。これは、非常に悩ましい問題です。

カニ→カニ化石という方向で考えると、10本あるカニの脚がすべて甲羅から分離してしまうと、1個体に由来する11個の化石が生じることになります。反対にカニ化石→カニという方向性で考えると、脚1本だけのカニの化石が10個見つかったときに、カニの個体数を判断するのは難しいです。1個体かもしれないし（1個体由来の10本）、5個体かもしれないし（5個体由来の2本ずつ）、10個体かもしれません（10個体由来の1本ずつ）。もちろん、カニは左右相称動物なので、同一個体の5組の脚の形状はそれぞれ異なりますので、全ての脚の化石の保存状態がよければ、個体数がわかる場合もあるでしょう。

次に、圧密による変形について考えましょう。軽微ならばあまり影響はないかもしれませんが、その程度が大きくなると無視できなくなりそうです。特に圧密の場合は、一

図3－9　化石は欠損していることがほとんど。完全な状態で産出することは珍しい。上：カニの甲羅部分　下：カニの脚の一部。いずれも多摩川沿いの更新世の地層から産出したもの
泉＆佐藤（2017a）[20] の図示標本

方向的に力がかかるので、1個体の中でも変形しやすい部位とそうでない部位が生じます。再びカニの例で考えましょう。カニの形状は、背腹方向は薄いですが左右方向は長いです。したがって、遺骸が堆積物に埋もれたときには、背中側か腹側のどちらかを下側に向けた状態になるでしょう。90度異なる向き（＝甲羅が堆積物に突き刺さるような向き）になることは考えにくいです（図3－10）。堆積作用の進行とともに、カニの遺骸は堆積物深くにどんどん埋没していき、遺骸にかかる力も大きくなっていきます。したがって圧密によって変化しそうな場所の第一候補は、甲羅の厚さです。反対に、甲羅の幅や長さはあまり変化しないものと思われます。つまり、化石化前後で比べると、カニ化石の甲羅は、生存時よりも薄くなるのです。実際に私の研究室では、学生さんと一緒にエンコウガニ類の研究をしてきましたが、同種の化石個体と現生個体（＝液浸標本）の甲羅の形状を比較すると、化石個体のほうが僅かですが甲羅の厚さが薄くなっていることがわかりました。このように、圧密によって化石になると形が変わってしまいます。その程度が大きければ、別種だと誤って判断してしまう可能性もあり、やはりこれも悩ましい問題です。

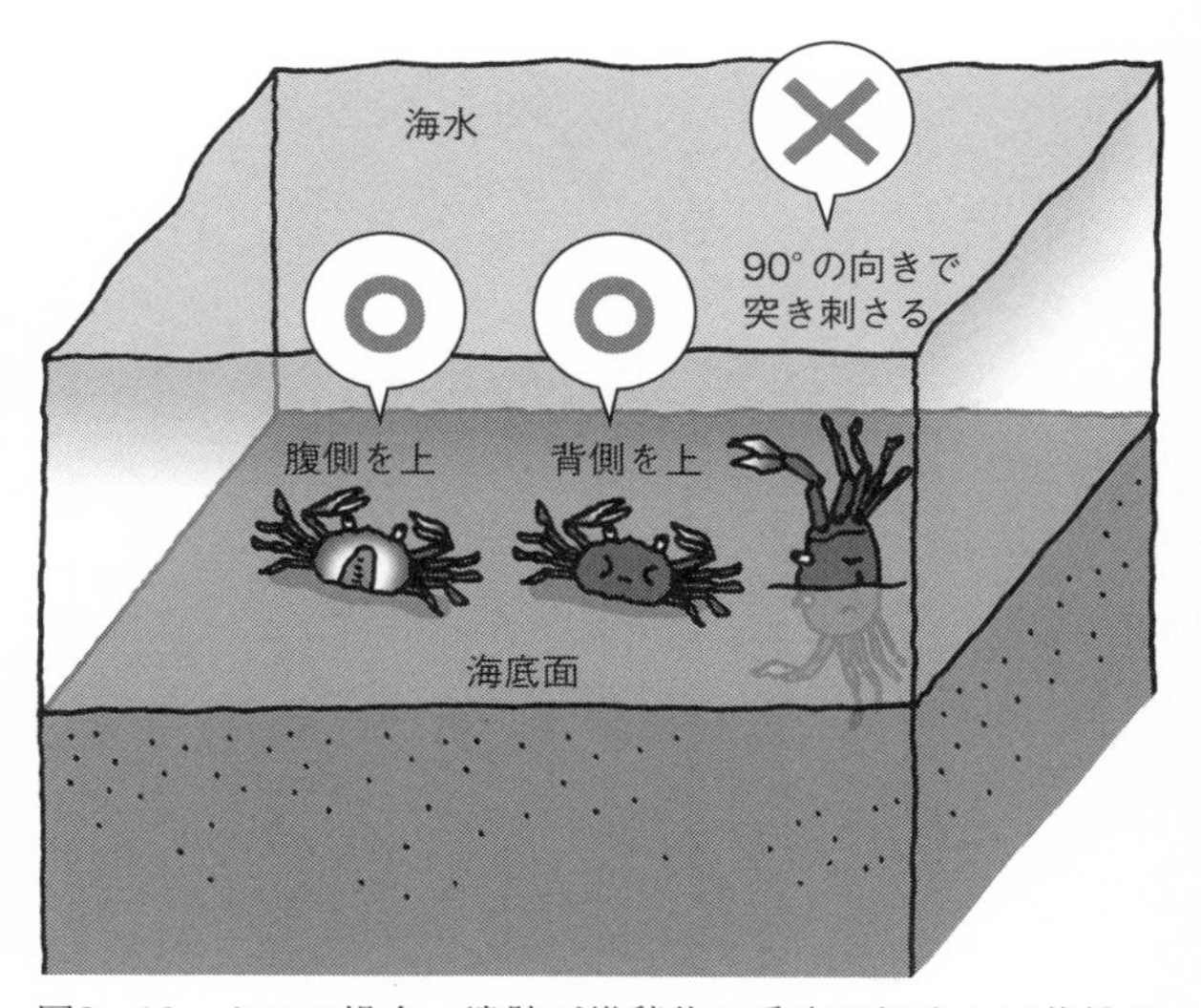

図3－10　カニの場合、遺骸が堆積物に垂直に埋まる可能性は極めて低いと考えられる

したがって古生物学においては、遺骸が化石化する過程でどんな変形をどの程度被るのか、ということを数値的に推定することが重要になります。古生物学的な文脈というよりも、資源地質学（石油や鉱床などの資源に関連した学問）的な文脈のものが多いですが、圧密作用については研究事例が豊富です。

資源地質学の研究では、「堆積物が地層になる際に被る圧密により、堆積物の特性がどの程度変化するか？」という観点に主眼を置いています。堆積物を構成する粒子のサイズや組成は非常に多様です。したがって圧密による変化の程度には幅がありますが、一般的には、砂質堆積物→砂岩になるときには層の厚さは3分の2程度に、泥質堆積物→泥岩になるときには層の厚さは2分の1〜5分の1程度にまで薄くなってしまいます（図3-11）。遺骸の物性と堆積物の物性が完全に一致することはないでしょうが、遺骸→化石になるときの厚みの変化を見積もる際に、この数値は一つの参考にはなります。

ただし繰り返しますが、堆積物が薄くなる理由は、鉱物粒子自体が薄く変形しているということではなく、上に降り積もった堆積物の荷重によって、鉱物粒子の間を充填している間隙水が抜けていくためです（図3-11）。

一方で、遺骸は外部環境との間に明確な境界があります。境界によって外部環境と明確に区切られているという性質は、生物の定義の一つになっています。この境界の形が、生物の輪郭そのものです。したがって、堆積物→地層になるときと同じ仕組みで薄くなることはなさそうです。むしろ、圧密が一定以上進行すると、割れてしまったりすることのほうが起こり得そうです。

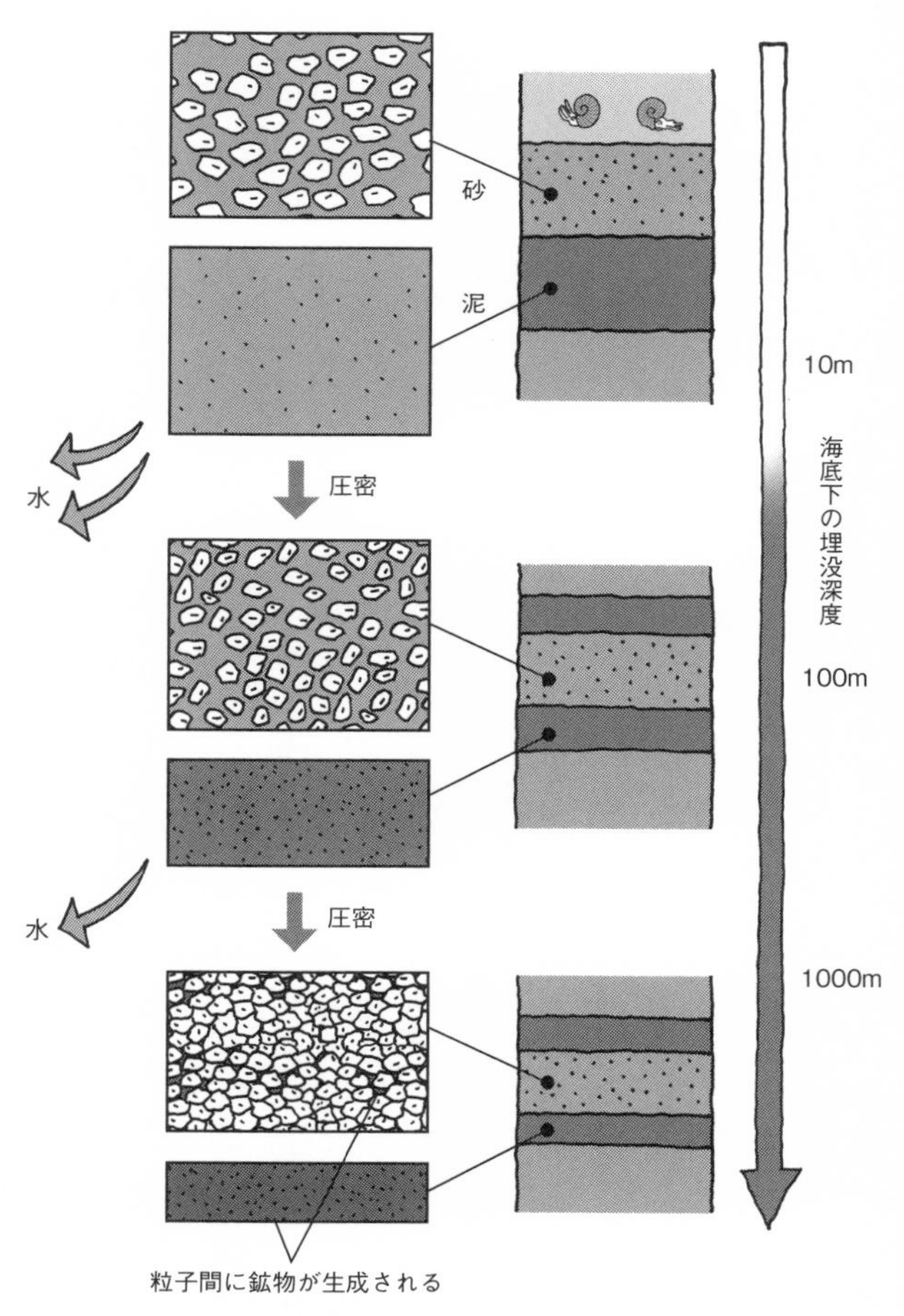

図3－11　堆積物の圧密

そこで以降では、圧密ではなく欠損の影響について具体的に考えていきましょう。先にカニの例を通して見てきたように、実際には、生物の体の構造や形状などによって、割れやすい（or分離しやすい）場所というのが存在するはずです。必ずしも、窓ガラスや花瓶が割れたときのように、いわゆる「粉々に割れてしまう」わけではないはずです。固体の物体が強い外力によって割れてしまったときには、破片の数とサイズとの間には「べき乗則」と呼ばれる、一種のスケーリング則が成り立つことが知られています。ザックリ言うと、小さい破片ほど数が多いという関係性です。

おそらく、遺骸が壊れる（＝割れたり分離したりすることをまとめて壊れると言うことにします）要因によっても、生じる破片の特性は異なりそうです。部位と部位を繋ぐ関節が死後すぐに分解されてしまえば、各部位そのものは壊れていなくても、二つの部位は分離します。分離してできた破片のサイズや数は、その生物の体の構造に依存します。一方で、例えば死後すぐに（あるいは生息時に）大型の動物によって食べられてしまったような場合には（ただし丸呑みタイプを除く）、バラバラになってしまうこともあるでしょう。実際に、アサリなどの貝類がイシガニなどのカニ類に捕食された場合や、カニ類がマダコに捕食された場合などは、殻や甲羅がバラバラにされてしまうことが知られています。そのような場合には、破片の数とサイズとの間には、前述の「べき乗則」が成り立つかもしれません。古生物学的な観点でこれを実証した研究は、私が知る限りは存在しないので、真相はわかりません。

理想的には、このような破片が「全て」化石として地層中に保存されたとしたら、もしかしたら壊された要因を特定できるかもしれません。しかし実際には、小さい破片は水流などによって別の場所に移動してしまい、大半のものは化石として保存されないという可能性も十分に考えられます。

このように、化石化する前や化石化する過程における遺骸の変形の程度は、変形の要因によって大きく異なるはずです。しかしそのような変形の程度を、要因ごとに区分して数値的に推定するというのは、現状では研究事例がないために、残念ながら不可能と言わざるを得ません。この問題もやはり、古生物学における疑問だらけの大前提なのです。

第四章　化石から「わかること」とは……？

疑問は多いがわかることもちゃんとある

第三章では、古生物学の基礎知識と絡めて、疑問だらけの大前提について見てきました。改めて書き出してみると、如何に多くの疑問点や不明点が存在するのか、嫌というほど明らかになってきます。もはや「古生物学は何がわかるのか？」ということが霞んでしまいそうです。

日常的に古生物学の研究に携わっているからこそ、不可避のバイアスや疑問点・不明点といった、いわばネガティブな側面ばかり気になってしまうのです。あるいは、多くの古生物学者はそこまで気にしておらず、単に私の性格の問題かもしれません。

しかし、古生物学の研究から明らかになってくることもたくさんあるのです！　そのような知見の多くの中心にあるのは、やはり化石です。化石を発掘したり観察したりするのは、いわば古生物学の「お家芸」です。その点で、化石があって初めて明らかになる知見というのは、古生物学における「ロマン」を搔き立てる要素になっています。だいぶ遅くなってしまいましたが、第四章では、そんな古生物学における花形的側面について見ていくこととします。

存在確認

化石からわかる知見のうち、最もシンプルかつ代表的なものは存在確認です。化石が見つかると、「遥か昔この地球上には、この化石を残した生き物が存在していたのだ」ということがわかります。そしてこれは、化石が見つからなければわからない知見でもあるのです。当たり前のようですが、古生物学の研究においては、実はこれが相当に大事なのです。

二つの離れた地域（A地域とB地域）で、同年代に形成された地層からそれぞれ同じ種類の化石が見つかっているとしましょう。このような場合、当然、A地域とB地域の中間地点であるC地域にも、かつてこの年代には、この種の生き物が生息していたと推測するのが妥当でしょう。ところが、C地域では未だにこの種の化石が見つかっていなかったとしたら、どうでしょう？　この推測は論理的で筋が通っていますが、「C地域からこの種の化石が見つかっていない」という事実がある限りは、未来永劫（みらいえいごう）、推測の域を出ることができません。なぜなら、C地域の同年代の地層をいくら調査しても、この種の化石が見つからない可能性を否定できないからです。

　このような状況の中、ついにC地域の同年代の地層からこの種の化石が発見されたとしましょう。この瞬間、C地域にもこの種の生き物が生息していたという事実が証拠に基づき初めて明らかになるのです。多くの人がもっともらしいと思っていた推測が、一つの化石の発見によって実証されるのです。

　別の例を考えてみましょう。例えばある系統の動物の起源となった場所を探りたいという研究テーマを想定します。この場合、この系統に属する種の最も古い化石を発見すれば、その化石を含む地層が形成された場所が起源となった場所であろう、と推測できます。

　ただし、この「地層が形成された場所」というのがやや曲者（くせもの）です。第四紀など比較的新しい年代の場合は、現在地層が分布している場所とほぼ同じと考えて問題ありません。しかし第四紀よりも古くなってくると、プレートの移動による影響が無視できなくなり、地層が形成された場所は、現在地層が分布している場所とは異なります（図４－１）。ただし、古生物学の知見と古地磁気学（こちじきがく）（＝岩石や地層に記録された過去の地磁気を研究する学問分野）の知見などから、古い年代の場合であっても、ある程度の精度であれば、地層が形成された場所を絞り込むことができます。

　やや脱線してしまいましたので、話を戻しましょう。研究対象の系統に含まれる種の化石のうち、現在までに見つかっている最古級のものはD地域とE地域というまったく離れた場所から見つかっているとしましょう。このような状況では、①D地域周辺に起源がある、②E地域周辺に起源がある、③DでもEでもない別の場所に起源がある、という三つの可能性があります。あるとき、ついにこの系統に属する種の化石のうち、より古いものがD地域から発見されたとしましょう。こうなると、上述の三つの可能性のうち、①が最有力に躍り出るというわけです。この例でも、たった一つの化石の発見により、これまでは三つの可能性が絞り切れなかったような状況を一変させたのです。

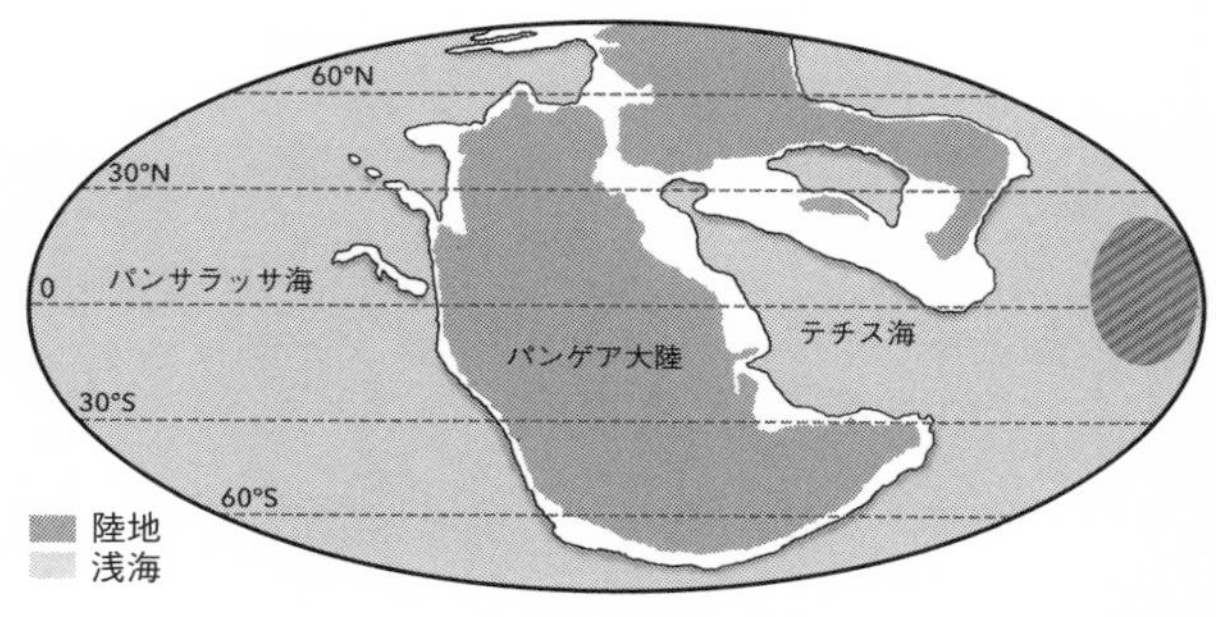

図4－1　プレートの移動に伴い、地層が形成された場所と現在の分布域が異なる場合もある。この図は三畳紀の古地理を示しており、当時、図中の斜線部で示される領域で堆積したチャートの地層は、現在は日本国内に分布している

このように、化石からわかる「古生物の存在確認」は、単純明快でシンプルな論理展開ながらも、非常に説得力があります。化石発掘という冒険譚(ぼうけんたん)的なエッセンスと、単純明快な論理思考プロセスという二つの要素が相まって、化石の発見に基づく存在確認は、古生物学の研究において今も昔も花形的な研究です。

さらに重要なのは、このような「化石による古生物の存在確認」の積み重ねが、古生物学のその後のさまざまな研究に繋(つな)がる基礎的なデータセットを構築しているということです。どの地域のどんな年代の地層からどんな種類の化石が発見されているのかという基礎的な知見の積み重ねは、いわば古生物学研究の屋台骨です。

例えば、前述の古生物の多様性の時間変動（＝多様性カーブ）を明らかにするような研究は、このような屋台骨のデータセットがあって初めて成り立つ研究なのです。

もちろん原理的には、地球上に分布しているすべての地層を調査しない限りは、真の答え（事実）にはたどり着けません。しかしこれは非現実的（＝実行不可能）なので、調査をものすごく頑張った結果というのが、常にその時代における最新の学説となるのです。したがって、その時点での最新の学説が常に正しいというわけではありません。ここは勘違いされやすい側面でもあるので強調しますが、最新の学説とはあくまで、「その時点において入手できたデータに基づき、大半の研究者が最も妥当だろうと判断している一つの仮説」なのです。したがって、今後研究が進んでデータが更新されれば、学説が変わることがあり得ます（変わらないこともあります）。

古生物学に限らず科学研究においては、独創的でオリジナリティのある研究を行い、新たな知見を生み出していくことが求められます。研究上のオリジナリティの出し方は一つではなく、どのようにしてオリジナリティを出していくのかというところが、「腕の見せ所」になるのです。例えば、新たな化石を発見した、既存の化石を新しい分析法で研究した、化石に関する大量のデータを数理的に解析して新たな傾向を見出した、……などなど、本当に多様です。ただし重要なのは、オリジナリティのある研究というのは、何らかの新たな知見を出すことが必須です。

そんな多様な古生物学の研究上のオリジナリティの中でも、ここで述べた新たな化石の発見に基づく古生物の存在確認というのが花形なのです。将来古生物学者を目指している皆さんも、きっと古生物学のこの側面に憧れを抱く人は多いと思います。

ただし不思議なことに、化石を見つけるのが上手い人とそうでない人がいるのです。前者のタイプは、ときに「化石ハンター」と言われることもあります。私は圧倒的に後者のタイプです。同じ地層を複数人で調査していても、化石を文字通りポンポン見つける人と、まったく見つけられない人がいるのです。存在確認のために重要な化石の発見のすべてではないにしろ、その多くが化石ハンターの手によるものだと言っても過言ではありません。化石の発見とは、完全にランダムな現象ではないのです。

化石を見つけるにはセンスがいる⁉

同じフィールドで調査していて、私が難儀している間に次々と化石を見つけるようなタイプの人に、これまで何人か会ったことがあります。彼らの行動をよく観察していると、いくつか共通する要因があるような気がしています。

一つ目は、見つけたい化石の特徴や地層中での産状を事前に頭の中でイメージしており、そのイメージで地層を見ているということです。つまり、完全にフラットな状態で地層を見ているのではなく、「先入観」をもって地層を見ているのです。もちろん、この場合の先入観とは、悪い意味ではなく、目的の化石を見つけるための良い先入観です。

二つ目は、トライ・アンド・エラーの数が多いということです。フィールドで、「これは？」と思ったものを逐一確認しているのです。もちろん、どんなに化石を見つけるのが上手な人でも、百発百中ということはありません。しかし、トライしないことには化石を見つけることはできないのです。

例えるならば、野球における打率と安打数の関係のようなものです。打率の高い選手は、ピッチャーの球種やコースなどをある程度イメージしながら打席に立っているはずです。そして当たり前のことですが、バットを振らなければヒットも生まれません。打率の高い選手が怪我(けが)などせずに試合に出続ければ、必然的に安打数も増えてきます。

逆は必ずしも真ならず

化石からわかることについて、もう少し掘り下げて考えてみましょう。前述の「存在確認」は単純明快でシンプルな論理展開ながらも、非常に説得力があります。しかし、これまで多くの人が探し求めていた化石を、そう簡単に誰でもホイホイと発見できるというわけでもありません。調査地の地層に何度も出向いて、いくら頑張って化石を探したとしても、狙いの化石を発見できないということだって起こり得ます。いや、むしろそういうことのほうが多いかもしれません。

それでは、「いくら頑張っても化石を見つけられなかった」という事実から、何かわかることはないのでしょうか?　前節で見てきたように、一度狙いの化石を発見できれば、「〇〇の化石が見つかったので、かつて〇〇が生息していた」という命題（＊）が成り立ちます。しかし今回考えたいのは、化石が見つからなかった場合です。まずは、

（＊）の命題の逆を考えてみましょう。

「AならばBである」という命題の逆は、「BならばAである」となります。面白いことに、元々の命題が真である（＝例外なく成り立つ）としても、その命題の逆は必ずしも真ではないのです。具体例で考えましょう。例えば、「旅行の準備を出発日の数日前に終わらせることができる人は、旅行出発日も時間に余裕をもって空港に到着する」という命題が真であるとしましょう。この命題の逆は、「旅行出発日に時間に余裕をもって空港に到着する人は、旅行の準備を出発日の数日前に終わらせることができる」となります。これは、果たして真でしょうか？　いえ、偽（＝必ず成り立つというわけではない）です。もちろん、旅行出発日に時間に余裕をもって空港に到着する人の一部（あるいは大半？）は、旅行の準備を出発日の数日前に終わらせることができるでしょう。しかし中には、出発日前日の深夜や当日の早朝になってようやく準備を開始して、このまま寝ると寝過ごしてしまいそうなので、寝ずに空港に向かって出発するという人もいるかもしれません。そうすると自ずと空港の到着時刻は早くなり、予定の便にだいぶ余裕をもって到着できるはずです。

このように、数学や論理学の分野では、「逆は必ずしも真ならず」という言葉が存在します。ここで古生物学の文脈に戻り、（＊）の命題の逆を考えましょう。元の（＊）の命題は、「〇〇の化石が見つかったので、かつて〇〇が生息していた」でした。したがってこの逆の命題は、「かつて〇〇が生息していたのであれば、〇〇の化石が見つかる」というものです。この命題を（＊＊）としましょう。いかがでしょうか？

そう、（＊＊）の命題は、偽です。化石のでき方を考えると、全ての古生物が化石として地層中に残されるわけではありません。むしろ、化石化する古生物というのは、ごくごく僅かでしたね。したがって、かつて〇〇が生息していたとしても、〇〇の化石が残されないことも多いのです。したがってこの場合は、いくら頑張って探し回ったとしても、〇〇の化石が見つかることはありません。

次に、（＊）の命題の対偶（たいぐう）を考えます。「AならばBである」という命題の対偶は、「BでないならばAでない」です。元の命題が真ならば、対偶も真であることがわかっています。つまり、（＊）の命題の対偶は「かつて〇〇が生息していなければ、〇〇の化石は見つからない」です。これは真なのです。

このように、いくら頑張っても化石を見つけられなかったという事実から「確実にわかること」というものは、残念ながら存在しません。○○が生息していたかもしれないし、生息していなかったかもしれないのです。回りくどい表現だと感じるかもしれませんが、古生物学者として言えることは、「この地域にはかつて○○が生息していなかった可能性が高い」ということです。これ以外の表現はありません。そして、「可能性が高い」というのが具体的にどのくらいの数値なのかも、わかりません。

広大な地球に対して人類が実際に調査できる地層の量は微々たるものです。そう考えると、「かつて○○が生息していなかった可能性が高い」という多くの古生物学者が首を縦に振るであろう妥当な解釈も、実際のところは妥当ですらないのかもしれません。したがって、いくら頑張っても化石を見つけられなかったという事実を根拠に、考えられる限り最も保守的な意見を述べるのであれば、「この地域にはかつて○○が生息していたかもしれないし、生息していなかったかもしれないが、現状ではわからない」というものになるでしょう。このような慎重な姿勢での推論を重ねることによって、間違いを犯す（＝真実とは異なる判断をしてしまう）可能性は低くなりますが、新しい知見は、化石が見つからない限りはいつまで経(た)ってもわかりません。

しかし、これではさすがに古生物学が全然進捗しません。多くの古生物学者は、狙っている種の化石を発見するために戦略的に地層を調査しています。すなわち、既知の事実を基に、化石が見つかる可能性が最も高い条件の地層に焦点を絞って調査をしているのです。古生物学者は、そのような専門的なトレーニングを受けているのです。したがって、専門的なトレーニングを積んだ古生物学者がいくら頑張っても化石を見つけられなかったという事実があるとすれば、そこから導かれる最も妥当な判断は、やはり「この地域にはかつて〇〇が生息していなかった可能性が高い」ということになりそうです。

改めて、化石が見つかったというたった一つの事実が、古生物学においては如何に強力な証拠となるかというのを思い知らされます。

時間的変遷

化石の発見によって、ある地質年代にある古生物が存在していたことがわかります。これはいわば、写真のようなものです。ある過去におけるスナップショットということです。

　しかし、一工夫加えることで、化石からわかる情報は格段に増えるのです。つまり、写真から動画になるようなイメージです。写真と動画では当然、動画の方が情報量が多く、その分ファイルサイズも大きくなります。これとまったく同じことが、古生物学の研究でもできるのです。

　古生物学の最大の強みの一つは、時間軸を行き来できることです。様々な年代の地層や化石を実際に手で触れることができるわけです。すなわち理想的には、時間軸上の任意の点において生息していた古生物に「間接的に」アクセスできるというわけです。ここで「間接的に」と強調したのは、古生物そのものを見たり触ったりすることはできず、あくまで化石を通じてしか古生物を知ることができない、という意味です。

　したがって時間軸に沿って連続的に化石を並べてみると、化石に記録された生物学的情報が時間とともに変化していく様子、すなわち生物の進化が見えてくるのです！　これは、古生物学の研究において根本的に重要な側面の一つです。化石は、生物の進化という「歴史」の直接的な証拠なのです。

もちろん、ＤＮＡの塩基配列のデータなど、現存する種から得られる分子生物学的な情報からも進化の歴史を推測することは可能です。現存する生物も、全ては進化の結果だからです。ＤＮＡの塩基配列のデータからは、現存する複数の生物種の系統関係がわかります。時間を遡ると、過去には必ず、現存する生物種の祖先種が生息していたはずです。しかし、その祖先種が実際にどのような生物であったのかということは、ぼんやりとしか推測することができません。しかし、もし化石が見つかれば、祖先種の「生物像」の解像度は一気に上がります。

身近な例で考えると、血縁関係に似ています。例えばＡさんとＢさんが遠い親戚関係だとしましょう。これはすなわち、ＡさんとＢさんのご先祖様を何世代か遡ると、同一人物のＣさんに辿(たど)り着くということです。ＡさんとＢさんの見た目や性格の類似性などから、ものすごくぼんやりと、Ｃさんの人物像を想像することはできるかもしれません。ただ、これには限界があります。特に、ＡさんとＢさんの血縁関係が遠ければ遠いほど、ご先祖様であるＣさんに辿り着くには多くの世代を遡らなければいけなくなるので、推測の精度はどんどんと落ちていきます。

しかし、仮にCさんが著名な人物で、Cさんに関する肖像画や古文書が残っていたとしたらどうでしょうか？　Cさんの人物像が、一気に鮮明に浮かび上がってくることでしょう。もちろん、ここでは肖像画や古文書が、化石に相当するわけです。

化石から地層の情報を抽出する

地層の形成年代

化石は地層の中に含まれます。化石のでき方も、地層のでき方と密接に関係しています。したがって、化石を研究することで、地層に関する知見も得ることができます。最も大事なのは、ある種の化石に注目することによって、地層の形成年代がわかるということです。

地球は今から約46億年前に誕生しました。地球の歴史は46億年間という長大な時間軸を持っているのですが、人間の感覚からするとあまりに長いですね。そのため、地球の歴史は数多くの地質年代に区分されています（２４３ページ参照）。特に顕生代（けんせいだい）と呼ばれる約5億3900万年前から現在までの地質年代は、化石記録から推測される生物進化の歴史に基づいて細分されています。例えば、陸上で恐竜が繁栄していたジュラ紀や白亜紀というのも、顕生代を細分したときの地質年代の名称です。

さて、このように数多くに細分されている地質年代ですが、地層を観察しただけでは、その地層がいつ（＝どの地質年代に）できたものであるのかを知ることはできません。例えばジュラ紀と白亜紀は連続していますが、異なる地質年代です。ジュラ紀の始まりと白亜紀の終わりを比べると、約1億3500万年もの違いがあります。それにもかかわらず、同じような種類の岩石（例えば砂岩や泥岩）で構成される地層を比べた場合に、ジュラ紀の地層であっても白亜紀の地層であってもほとんど同じような見た目をしています。

そこで、化石の出番です。地層が形成された地質年代を知りたいとき、ある特定の時期だけに生息していた古生物（種Aとしましょう）の化石が非常に重要になります。なぜなら、形成年代未知のある地層から種Aの化石を発見したとすると、「その地層は種Aの生息期間におけるいずれかの時点で形成された」と推測することができるからです。

特に、種Aの生息期間（＝出現から絶滅までの期間）が短ければ短いほど、その時期をより高精度に特定することができます（図4－2）。

ここで種Aのように、地質年代を特定する際に有用な化石のことを示準化石と呼んでいます。代表的な例としては、三葉虫（古生代）やアンモナイト（中生代）などがあります。ただし三葉虫でもアンモナイトでも、実際に示準化石として古生物学の研究でよく使われるのは、生息期間が短く、かつ、広範囲に分布していて個体数も多いような種に限られます。生息期間が短くても非常に稀であったり、あるいは特定の地域からしか産出しないような種の化石は、どうしても情報が限定されるからです。

地層の形成環境

化石からわかる地層に関する知見として、もう一つ重要なのは、地層の形成環境がわかるということです。大半の地層は、海底で形成されます。実は陸域と海域の表面積の比率（陸30％：海70％）以上に、ほぼすべての地層は海底で形成されるのです。海で形成された地層のことを海成層、陸で形成された地層のことを陸成層と呼びます。全ての

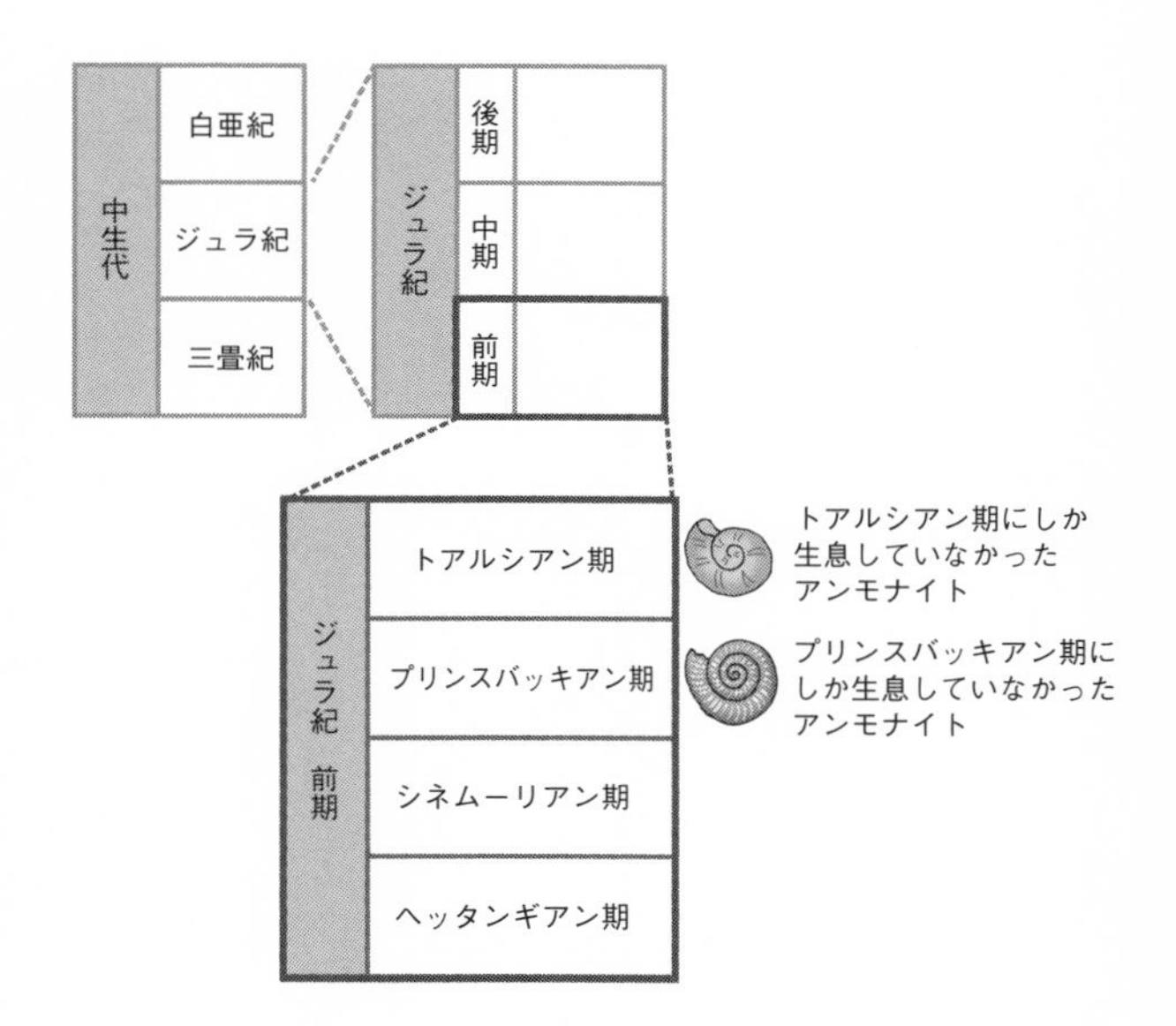

図4－2　生息期間が短い種の化石は、非常に有用な示準化石になる

地層に対する海成層の割合を数値的に見積もったような研究例は私の知る限り存在しませんが、感覚的には90%以上（もしかしたら99%以上かも？）の地層は海成層です。その理由はシンプルで、陸域は風化作用や浸食作用が進行しやすい場であるのに対して、海底では堆積作用が進行しやすい場だからです。陸上の岩石の風化や浸食によって生じた堆積物は、重力の影響の下、流水などによって運搬されて、最終的には（ほとんどの場合）海底に堆積します。

ある地層から海洋生物の化石を発見したとして、それを根拠に「ここは昔は海だった」と主張したとしましょう。日常生活的な感覚で考えると、今現在は陸上であるにもかかわらず、昔は海の底だったというのは驚きです。しかし古生物学の研究では、大半の地層が海底で形成されたことを知っているので、このような主張はほとんど意味をなさないのです。より詳細な地層の形成環境、すなわち、どのような環境の海底で形成された地層なのか？　ということを推測することが重要になってきます。

ここでもまた、化石の出番です。限られた環境でしか生息できない古生物（種Bとしましょう）は、地層が形成された環境を推測する際に非常に重要になります。なぜなら、ある地層から種Bの化石を発見したとすると、「その地層は、種Bが生息できる環境で形成された」と推測することができるからです。特に、種Bが生息可能な環境（水温や水深など）の範囲が狭ければ狭いほど、地層の形成環境をより高精度に推測することができます。

種Bのように、地層形成当時の環境を推測する際に有用な化石のことを、示相化石と呼びます。代表的な例としては二枚貝類やサンゴや有孔虫（世界の海に生息する小さな原生動物で、石灰質の殻を持っている）などで、海成層が形成されたときの海水温や水深を示す指標となります。示相化石は、本書でも実は既に登場していました。「死に場所と化石化する場所」という節で、水深の指標になる貝化石の例を挙げています（図3-6）。

まだまだわかる、地層の形成環境

地層の形成環境を知る手掛かりを与えてくれるのは、示相化石の産出情報だけではありません。ある種の化石に記録されたさまざまな情報を適切に解読することで、地層の形成環境を詳細に推定できる場合もあるのです。ここでいう「さまざまな情報」とは、化石の化学成分だったり、特定の部位の大きさや数だったり、本当にさまざまです。

まずは、化石の化学成分からわかることについて見ていきましょう。地層の形成環境を知る手掛かりを得るための分析材料となる化石として代表的なのは、有孔虫やサンゴや二枚貝といった面々です。これらの生物は分類群は異なりますが、ある共通点があります。それは、炭酸カルシウム（$CaCO_3$）でできている化石だということです。

炭酸カルシウムでできている化石は、古生物学者からすると、多くの情報を持っているのです。炭酸カルシウムは、水中で炭酸イオンとカルシウムイオンが反応することによって生成されます。有孔虫や二枚貝の殻も、サンゴの骨格も、海水中で起こるこのような化学反応によって作られるのです。ここで重要になるのが、炭酸カルシウムの酸素同位体比、あるいはストロンチウム（Sr）やマグネシウム（Mg）などの元素とカルシウム（Ca）の濃度の比率（Sr/CaやMg/Ca）の値です。これらの値は、炭酸カルシウムが生成したときの水温によって異なる値になるということが実験的に確かめられています。化石と地層の形成環境の関係に読み替えると、炭酸カルシウムでできている化石の酸素同位体比やSr/CaやMg/Caの値を分析によって得ることができれば、地層の形成環境

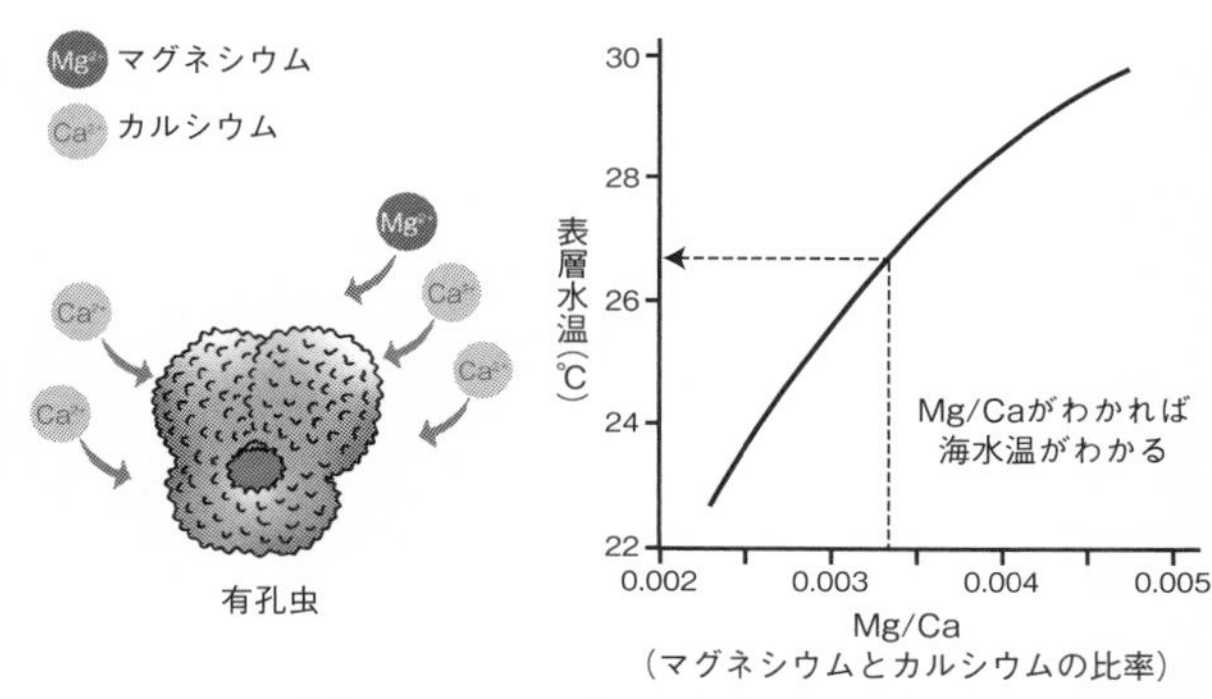

図4－3　有孔虫の化石のMg/Caを測定すれば、その有孔虫が生息していた当時の海水温の値を推定できる

（この場合は、古生物が生息していた当時の海水温の値）を知ることができるというわけです（図4－3）。

過去の海水を直接的に入手して、その温度（＝海水温）を実測することはできません。そのため、化石に残された化学的シグナルから過去の海水温を数値として推定できるのは重要なことです。化石の酸素同位体比やSr/CaやMg/Caの値のように、過去の環境を反映している特性値のことを、代理指標（だいりしひょう）と呼んでいます。

陸域環境の代理指標

過去の大気中における二酸化炭素（CO_2）の濃度も、代理指標に注目することにより、数値として推定できます。

人間活動によって放出されたCO_2が大気中に蓄積していることが問題になっています。CO_2は温室効果を持つので、大気中にCO_2が増えると、大気の温度（＝気温）が上昇するのです。これが、地球温暖化と呼ばれる現象です。さらに地球温暖化に伴い、氷床の融解による海面の上昇や海洋酸性化といったさまざまな気候変動が引き起こされ、それらの影響も懸念されています。

このように現代社会では何かとネガティブなイメージが強いCO_2ですが、一方で温室効果を持つことによる恩恵もあります。現在の地球の年平均気温は約15℃です。しかし仮に地球の大気から全てCO_2が無くなった場合、温室効果が無くなってしまいます。このときの地球の平均気温は、なんとマイナス18℃になってしまうと計算されています。これでは地球上の大半の生物にとっては、快適な環境とは言えません。

このように、大気中のCO_2濃度は、わずかな増減があるだけでも、地球環境に大きな影響を及ぼします。したがって過去の地球環境を推測する際、大気中のCO_2濃度がどの程度であったのかというのは、古生物学者にとっても常に興味の対象になります。

海水の場合と同じように、過去の大気も、地層や化石にそのまま残されることはほとんどありません。そのため、過去の大気CO_2濃度の数値を推定するためには、何らかの代理指標に頼るほかありません。代表的な代理指標の一つは、植物の葉の化石に注目したものです。多くの陸上植物の葉には、気孔と呼ばれるガス交換を担っている構造があります。その気孔の密度は植物の種類によって異なりますが、いくつかの植物についてCO_2濃度を変えて育てたところ、興味深い関係性が見つかりました。それは、「CO_2濃度が高いほど気孔の密度が小さくなる」というものです（図4-4）。

気孔は、光合成に必要となるCO_2を大気から吸収する役割と、蒸散作用で水分を放出する役割を備えています。気孔密度が小さいということは、蒸散作用で失う水分量は減らせるものの、大気から取り込むことのできるCO_2量も減ってしまいます。このように、利益と不利益の両側面があるのですが、大気中のCO_2濃度が高い場合には、気孔密度が小さくても、大気から十分な量のCO_2を取り込むことができます。

実際にこの方法によって、さまざまな地質年代における大気中のCO_2濃度が推定されています。例えば陸上では恐竜が繁栄していた中生代ジュラ紀の前期には、地球規模で温

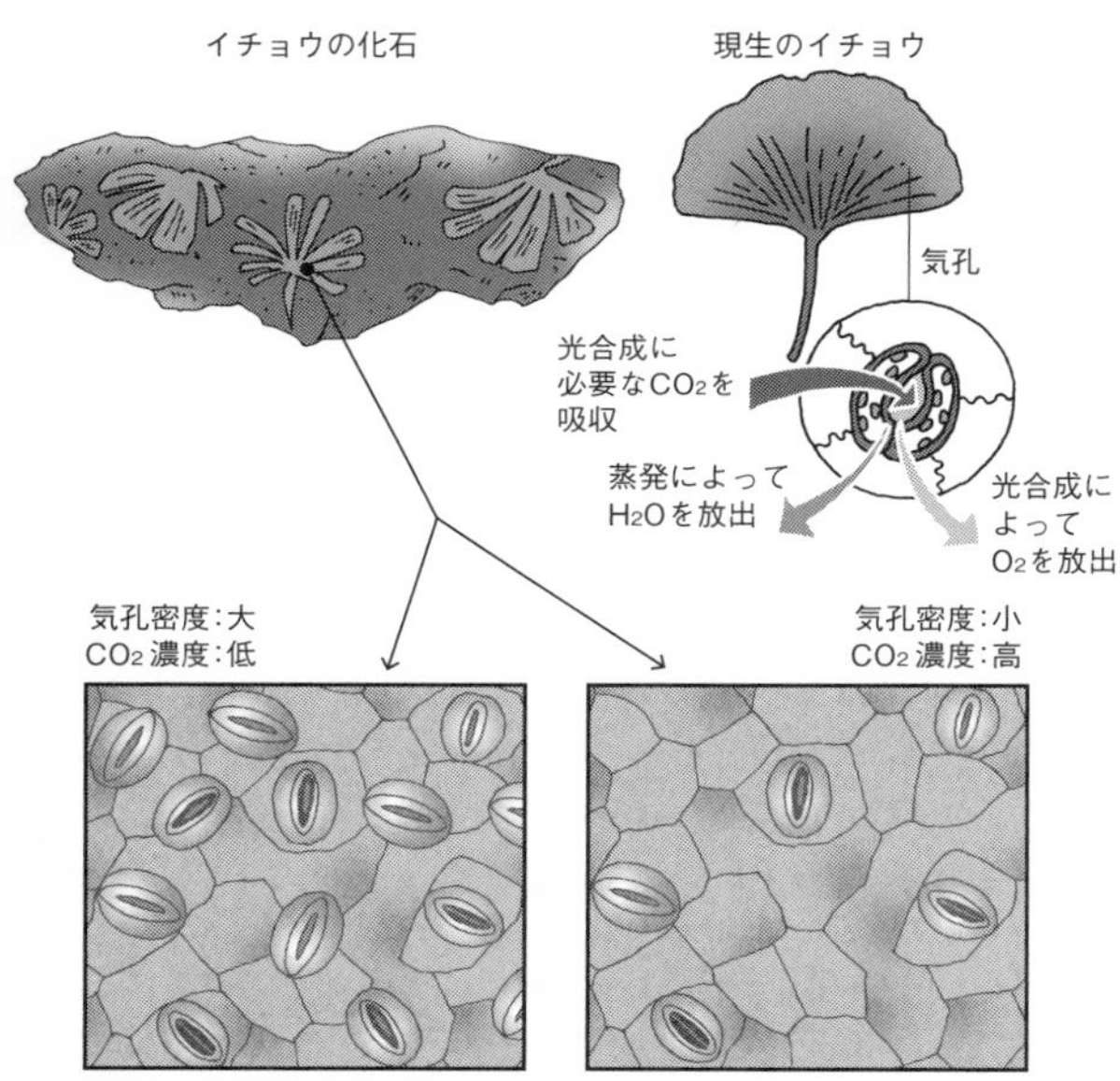

図4－4　植物の葉化石の気孔密度を測定することで、その植物が生息していた当時の大気中CO_2濃度の値を推定できる

暖化が進行しました。その際には、大気中のCO_2濃度が、（地質学的には短期間のうちに）0・04％から0・15％程度まで上昇したようです。

第五章　化石を研究しない古生物学者

古生物の生物学的側面を考える

第四章では、古生物学の花形的側面について見てきました。古生物の存在確認、進化の歴史、地層の形成年代や形成環境など、化石からわかることはたくさんあるのです。しかし、それでもなお、古生物の「生物学的な側面」は、果たして化石から明らかになるのでしょうか？　第二章で見てきた通り、古生物が化石になるまでの過程で、さまざまな情報が失われてしまうのです。

例えば今、目の前に一匹のトンボがいたとしましょう。生き物に興味がある人ならば、まず「何トンボなのか？」というように、種が気になるかもしれません。あるいは、種はわからなくても、そのトンボがオスなのかメスなのか、どんな色や模様をしているのか、何を食べているのか、どの時期に活発になるのか、といった生物学的な側面が気になるかと思います。

これらのうち、化石からわかることは、ほぼありません。古生物の生物学的な側面が気になる人にとっては、絶望的です。しかし化石は古生物の直接的な証拠なので、化石として残される可能性がどんなに低くても、古生物の生物学的側面を知るには、やはり化石を観察するしかないのです。……いや、本当にそれだけでしょうか？

実は古生物学者は、化石だけを研究しているわけではありません。それはなぜか。古生物の生物学的側面に迫る方法は、化石がすべてではないからです。第五章では、そんな「化石を研究しない古生物学者」について見ていきましょう。

ブラックボックスをグレーボックスにする努力

古生物を扱う図鑑などでは、古生物が生きていたときの姿が生き生きと描かれていることがあります。古生物学では、生体復元図（せいたいふくげんず）と呼ばれます。余談ですが、私はこの言葉があまり好きではありません。生体想像図としたほうが良いのではないかと思っています。それはさておき、いったい、誰がこれを見たというのでしょう？　見たことがないものを、どのようにして描写するのでしょうか？

古生物の生物学的側面のうちの大半は、化石の観察からではわかりません。化石として保存されないからです。非常にシンプルな理由ながら、古生物学者の夢を打ち砕くには十分すぎる破壊力があります。

生物学的側面とは、例えば生理現象であったり行動学的特徴だったりします。それらを司る分子生物学的なメカニズムも重要です。これらは直接的に化石に残されることはありません。さらに、色や模様や毛の有無といった形態学的な特徴の多くは、軟組織に見られます。繰り返しになりますが、化石として残りやすいのは硬組織です。

すなわち、化石を通して見えてくる古生物像は「ブラックボックス」なのです。ブラックボックスとは、中身の構造や原理はよくわかっていなくても、表面的な使い方さえ知っておけば問題なく動作するような装置や状態を指す用語です。自動車などは、まさにブラックボックスの好例でしょう。私もクルマは好きですが、エンジンの構造や仕組みはあまり理解していません。それでも運転免許は持っているので（＝運転のやり方は知っているので）、日常的に何の問題もなく運転することができています。単に、カッコいいクルマが好きなのです。

化石を主に研究している古生物学者は通常、生物を研究しているわけではありません。化石を通して見えてくる古生物像は、多くの場合、化石に残される特徴に基づき推測されたものです。これは、「表面」に相当します。

化石に残される特徴は化石化プロセスなど地質学的な要素を反映しているものもありますが、少なくとも一部は生物学的な要素（＝古生物の生物学的側面）を反映しているはずです。生物学的な要素、これこそが「中身」に相当します。

しかし残念ながら、古生物像を推測する際に生物学的な要素が真剣に考えられることは極めて稀です。古生物学者も古生物像、すなわち古生物の生物学的な側面を知りたいことは事実なので、当然生物学的な要素についても考えています。しかしおそらく生物学者から見ると、生物学的な要素はほとんど考えられていないと感じるのではないでしょうか。私にとっても耳が痛いですが、古生物学者が考える生物学的な要素と、生物学者が考える生物学的な要素とは、あまりにもかけ離れています。

化石を通して見えてくる古生物像が「ブラックボックス」というのは、こういうことなのです。とはいえ、２００年近い歴史がある古生物学の研究において、従来の研究アプローチを一気にガラッと変えるのは、さすがに無理があります。なので、いきなり「ホワイトボックス」にすることは難しいでしょう。

とはいえ、このままでいいのであろうか……。少なくともブラックボックスを「グレーボックス」にするための努力はするべきではないのか。少しずつでもいいので、最終的に「極めてホワイトボックスに近い」状態にするために、まずはグレーボックスにするべく足掻(あが)いてみるのがよさそうです。

そうだ、生き物を見よう

では、ブラックボックスをグレーボックスにするにはどうすればよいのでしょうか？

生き物を見るしかありません。

しかし多くの場合、古生物学者は生物学者ではありません。現在の日本（だけでなく他の国でも同様ですが）では、古生物学の教育・研究は理学部の地球科学系の学科で行われます。一方で生物学の教育・研究は、携わっている人の数が古生物学と比べて圧倒的に多く、理学部や農学部や園芸学部などさまざまな学部で行われています。理学部の学科で絞ると、生物学科です。学科が異なれば、カリキュラムが違います。つまり受ける授業科目がまったく違うし、授業者（＝大学教員）の専門性も異なるのです。そして多くの古生物学者のバックボーンは、地球科学です。この意味で、古生物学者は、古「生物学者」ではないのです。

では古生物学者は、どうやって生物を見ればいいのでしょう？　生物学の専門的なトレーニング（授業や実習など）を受けたことはありません。もちろん、ビギナーズラックが起こることもあると思います。いわゆる、「フラットな状態」で考えると良いアイデアが出るということもあるでしょう。しかし一般的には、知識があればあるほど、アイデアも思いつきやすいでしょう。

しかし、一つの専門性を身に付けるのにも、相当に時間がかかります。大学（4年間）と大学院（2～5年）を要すると考えると、古生物学者が今から生物学の専門性も身に付けるということは、かなり難しいと思われます。したがって、古生物学的な視点で生物を見るというアプローチがよさそうです。古生物学的な視点とは、すなわち化石目線で考えるということです。その具体的な方法については、次節以降で見ていくことにしましょう。

ところで、目の前にある生き物がいたとして、「この生き物が将来的にもし化石になったとしたら、どんな情報が残り得るのか？」ということを考えるのは、おそらく古生物学者くらいでしょう。現に私も、ここ数年は生物学者の方々と共同研究をすることが増えてきましたが、野外調査で出会った生き物や飼育観察している生き物の話題になったときでも、その生き物が化石になった場合を想定した議論が自発的にスタートすることはまずありません（自分から持ち掛けることはありますが）。

化石目線で生き物を見る

化石目線で生き物を見るとは、具体的にどういうことなのでしょうか？　どのような観点が必要となるのでしょうか？

基本的な考え方は、このようなものです。まずは、研究対象の生き物をよく観察して、化石に残らなそうな生理学的な特徴や行動学的な特徴などを洗い出します。次に、これらの特徴と関連していそうな別の特徴があるかどうか、よく観察します。このときに注意したいのは、「別の特徴」というのは、化石としても残されやすい特徴である必要があります。すなわち、多くの場合は形態学的な特徴か化学的な特徴になります。

形態学的な特徴であれば、条件がよければ、化石の計測によって情報を抽出することができます。化学的な特徴についても、同じく条件がよければ、化石を粉末化して分析することで情報を抽出することができます。これにより、生物学的な側面に関する特徴と形態学的／化学的な特徴を「直接」比較することができるようになります。

具体例を紹介しましょう。まずは、形態学的な特徴から見ていきます。アサリなどの二枚貝の殻の内側には、套線湾入（とうせんわんにゅう）と呼ばれる特徴的な構造が見られます（図5－1）。湾入した部分は、殻を閉じたときに水管を収納するスペースに相当します。套線湾入は、よほど保存状態が悪いものでなければ、二枚貝の化石でも観察することができます。今回注目する形態学的な特徴とは、套線湾入の深さです。

では、套線湾入の深さは、どのような生物学的な側面と関係しているのでしょうか？それは、「堆積物（たいせきぶつ）中に潜る」という行動に関係しています。二枚貝では多くの種が、堆積物中に潜った状態で生息しています。食卓でおなじみのアサリも、潮干狩りで採集する際にはシャベルなどで砂を掘って探しますよね。重要なのは、二枚貝の水管の伸びる長さが、潜入深度とおおよそ一致するということです（そうでない種もいます）。そして、水管が長く伸びる二枚貝では、貝殻内側に見られる套線湾入の深さも深くなるのです。

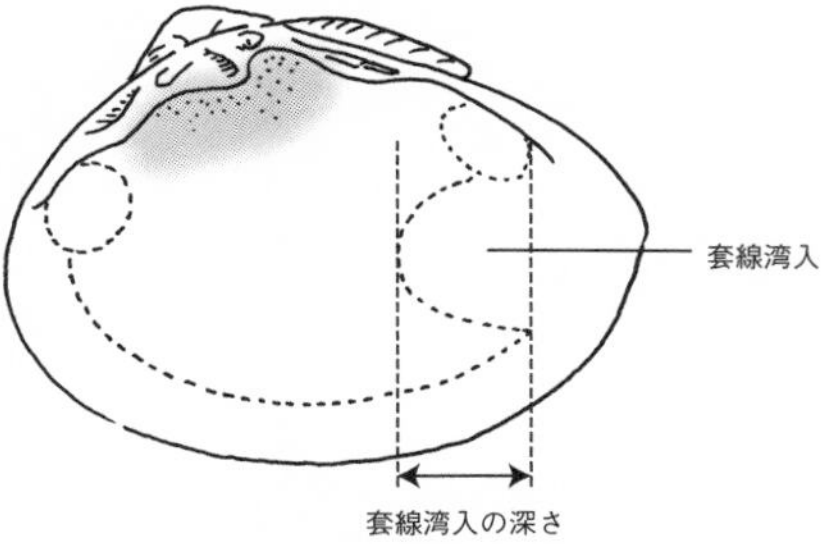

套線湾入

套線湾入の深さ

図5－1　二枚貝の場合、套線湾入の深さでその貝がどのくらい深く潜って生息しているかどうかがわかる

したがって大雑把には、套線湾入が深い殻を持つ二枚貝は、堆積物中に深く潜って生息しているという関係性が成り立ちます。

　堆積物中の環境は、深度と強く関係しています。堆積物の化学的特性や微生物群集などは、深度が少しでも違えばガラッと変わります。それに加えて、二枚貝側にとっても潜入深度は重要な意味がありそうです。より深く潜れば、荒天時の流れや波のエネルギーによって底質から洗い出されてしまうリスクが減るでしょう。さらに捕食者に食べられるリスク

も減るでしょう。一方で、深く潜るためにはその分より多くのエネルギーを必要としま
す。メリットとデメリットのトレードオフが働いていそうです。

このように、二枚貝の潜入深度は、いくつかの生物学的な側面を反映しているはずで
す。実際に多くの現生種を調べた研究によると、二枚貝の潜入深度はさまざまな条件に
応じて変化するようです。もちろん種によっても異なりますし、同一種でもサイズ（成
長段階）や底質条件によっても異なります。ただしここで重要なのは、殻の内側の套線
湾入の痕跡は二枚貝化石でも見られるので、過去の二枚貝の潜入深度の値を推定するこ
とが可能だということです。

殻の内側の套線湾入の痕跡という形態学的な特徴が、二枚貝の行動学的な特徴を知る
ための懸け橋となってくれるわけです。現生種であれば、干潟などで実際に堆積物を掘
れば二枚貝の潜入深度は直接実測することができます。何度も繰り返しますが、古生物
に対しては同じことはできません。套線湾入に注目するというのは、まさに「化石目線
で生き物を見る」ことに他なりません。

研究テーマとして、どのような「化石目線」を設定するのかという点が、生き物を研

究する古生物学者の腕の見せ所なのです！

個体差という「幅」

そういうわけで、私はここ最近、化石目線で生き物を見るような研究に着手しています。具体的には、海の二枚貝類や甲殻類を水槽で飼育して行動観察をしたり、それらの遺伝子情報を解読したりしています。大学〜大学院は地球惑星科学系の出身なので、生物学の専門的なトレーニングは受けていません。そのため、共同研究者の皆様からさまざまなアドバイスをいただきながら、何とかここまで進めることができています。

実験室を新たに立ち上げたりするのは苦難の連続ですが、今ではいい思い出として残っています。化石や地層を研究する場合、いずれも実体は岩石なので、岩石に関する実験を行います。しかし生き物に関する実験となると、使用する実験機器も実施する実験方法もまったく異なり、全てが初めてのことです。

試行錯誤しながらなので研究の進捗は決して早くはないですが、化石目線で生き物を見るというのはワクワクします。新しい発見や気付きもあり、自分の中の「古生物像」

や「古生物学観」がガラッと変わりました。

生き物を対象とした研究を始めて以降、個人的に最も厄介だが面白いと感じているのは、個体差です。進化を考える上で、個体差は本質的に重要です。なのですが、例えば種や個体群の平均的な特徴を知りたいような場合には、個体差が邪魔になってしまいます。

化石であっても生き物であっても、何らかのデータを取得する際には、個体差が存在するので常に留意しなければならないことはもちろん知っていました。つまり、データは必ずばらつくのです（図5－2）。しかも化石の場合は、化石化の際の変形や変質の影響も混ざってしまっているので、データのばらつきのうち、どの程度が個体差に起因して、どの程度が変形や変質に起因するのかが、よくわかりません。しかし生き物を見ている限りは、（測定機器や実験方法に問題がない限り）得られたデータのばらつきは、ダイレクトに個体差に起因しています。

特に生き物の行動を観察していると、想定以上に個体差があって驚きます。例えば、二枚貝の行動観察でのことです。同じ規格の水槽を複数準備し、同じ堆積物を敷いて同

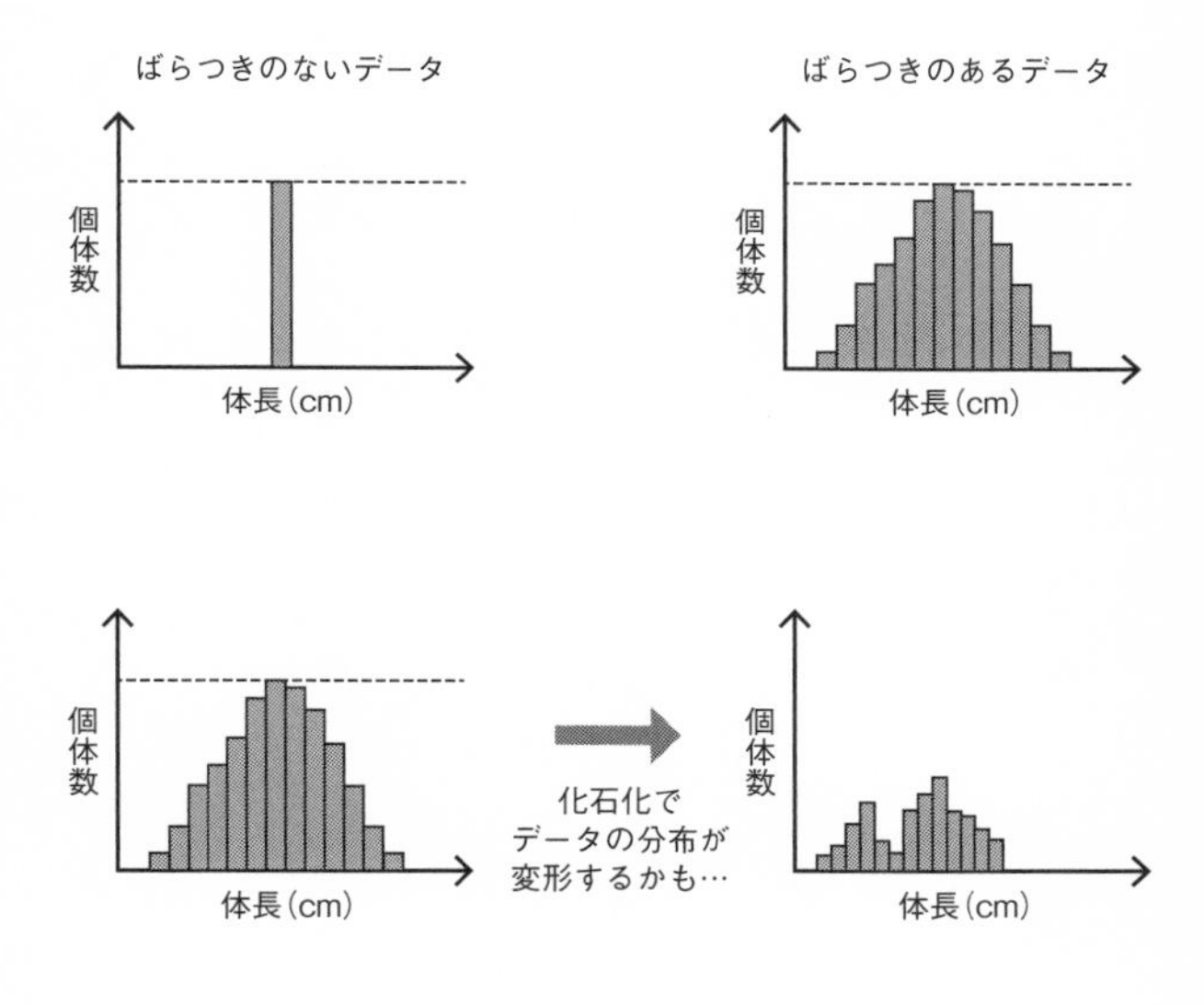

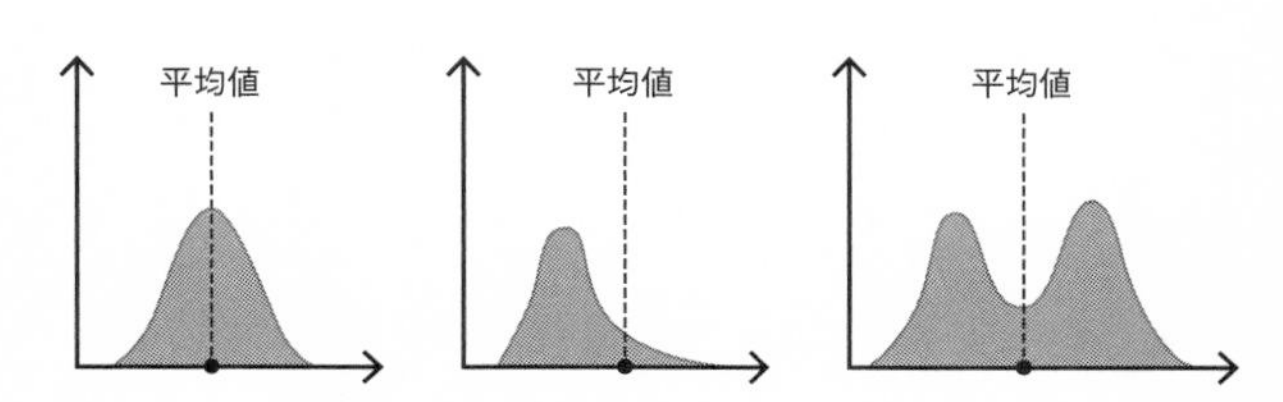

図5−2　上：ばらつきのないデータとばらつきのあるデータ
中：化石化の際の変形によってデータの分布が変化することもあり得る
下：データの分布次第では、平均値が代表的な状態を反映していないこともあり得る

じ人工海水を入れます。その上で、各水槽に1個体ずつ、二枚貝を投入します（図5－3）。これらは同じ産地で採集された別個体ですが、可能な限りサイズは揃えています。投入された位置でスムーズに堆積物中に潜ってくれるだろうと期待して、潜った後の行動の様子や堆積物の変化などを観察したいと思っていたのです。

ただ実際に実験を開始してみると、二枚貝の行動は驚くほどバラバラでした。期待通り、投入位置でスムーズに潜る個体もいました。しかし、落ち着かないのか、堆積物に少し身をうずめた状態でウロウロと動き回って、定位置で深く潜らないような個体もいました。こうなってくると、元々の実験計画が狂ってしまいます。

このような行動の個体差が現れるのは、なぜなのでしょうか？　今でもその要因はわかりませんが、候補を挙げ始めるとキリがありません。各水槽で、物理的・化学的な環境は統一するように心がけていますが、もしかしたらわずかに環境が違った可能性があります。二枚貝にとってはそのわずかな違いが、重要だったのかもしれません。もしくは、仮に全ての水槽で環境が完全に同一であったとしても、外部環境への応答の程度が個体ごとにわずかに異なる可能性もあります。さらに別の要因としては、同じ産地で採

図5－3　二枚貝の飼育実験の様子

集されたとしても、遺伝的な変異はあります。そもそもクローンではないので、同種であっても別個体であれば、遺伝的に完全に同一ということはあり得ず、これが行動の違いに関係しているのかもしれません。

このように考えると、自然で見られる状態を実験室内で完全に再現するということが如何に困難であるのか、身をもって思い知らされます。さらに自然状態と飼育状態では、同一個体であっても行動が変わってくる可能性もあります。

生き物であっても古生物であっても、実験を通して知りたいのは多くの場合、研究対象となっている種の「代表的な」特徴や状態です。「代表的な」特徴や状態を記述するには、知りたい特徴や状態を反映している量的な情報（＝データ）を複数収集して、その平均値を採用することが多いです。ばらつきも併せて示したい場合には、標準偏差という指標を提示したりします。

しかしこうも個体差が大きいと、「平均値」という一つの指標で果たして本当に「代表的な」状態や特徴を表すことができるのか、疑問です。データが釣り鐘型に分布（正規分布）している場合には、平均値は有効です。しかしデータの分布が偏っていたり、あるいはピークが複数見られるような場合には、平均値が意味をなしません（図5－2）。

このようなデータの分布こそ、個体差をダイレクトに反映しているのです。データの分布によっては、種の「代表的な」特徴や状態は、平均値という一つの指標で表せないかもしれないのです。

そして何より、真の分布を知ることがそもそも難しいのです。理論上は、地球上に生息している研究対象種の個体を全て採集してデータを得ることができるのであれば、真の分布を知ることができます。しかしこれは、不可能です。したがって、データの真の分布を知ることはできません。可能な限りたくさんの個体を（偏りなく）採集してデータを得て、真の分布に限りなく近いであろう分布を知ることしかできないのです。

そうなると、種の「代表的な」特徴や状態を知りたければ、たくさんの個体を観察することが重要です（図5-4）。しかし化石では、これは容易でない場合が多いのです。特に大型の動物は必然的に生息数も少ないので、化石化する可能性も併せて考えると、絶望的です。

大型の古生物と聞いて真っ先に思い浮かぶのは、恐竜でしょう。毎年新種の恐竜が報告され、多くの人の興味を引くニュースです。では、その恐竜の代表的な特徴を知るために、200個体分の化石を採集することは可能でしょうか？　1個体の化石の発見でも大ニュースとなることが多いのです。果たして私たちは、恐竜についてどれほどのことを「知っている」のでしょうか……？

性別や成長に伴う差異

このように、ある生物（or古生物）の「代表的な」特徴や状態を知りたい場合には、個体差（＝データの分布）をしっかり考慮することが大事です。例えばある生物の大きさを知るために、全長を計測します。１００個体のデータを取ろうと計画し、いざ採集します。この際デタラメに採集してしまうと、致命的なミスに繋（つな）がってしまいます。採集した１００個体のうち、10個体はオスの幼体で、30個体はオスの成体で、20個体はメスの幼体で、40個体はメスの成体だとしたら、いかがでしょうか？

ご想像の通り、誤った結論を導いてしまう恐れがあります。性別によって形や大きさが異なるという動物は多いです。それだけでなく、成長に伴っても変化します。

つまり性別や成長段階を揃えてデータを取らなければ、意味をなさない結論に達してしまうのです。例えば成体の体長の分布を知りたい場合には、幼体を含めて１００個体採集するのはお薦めできません。オスの成体とメスの成体をそれぞれ50個体ずつ採集して、性別ごとに解析するのがベターです。

ここで再び、化石の話題に戻りましょう。同じように、成体の体長の分布を知りたいとします。化石の観察から、その古生物の性別や成長段階を知ることはできるのでしょうか？　答えはケースバイケースですが、多くの場合は不明です。

しかし、「だから化石を見ても生物学的な側面はわからない」では終われないのです。

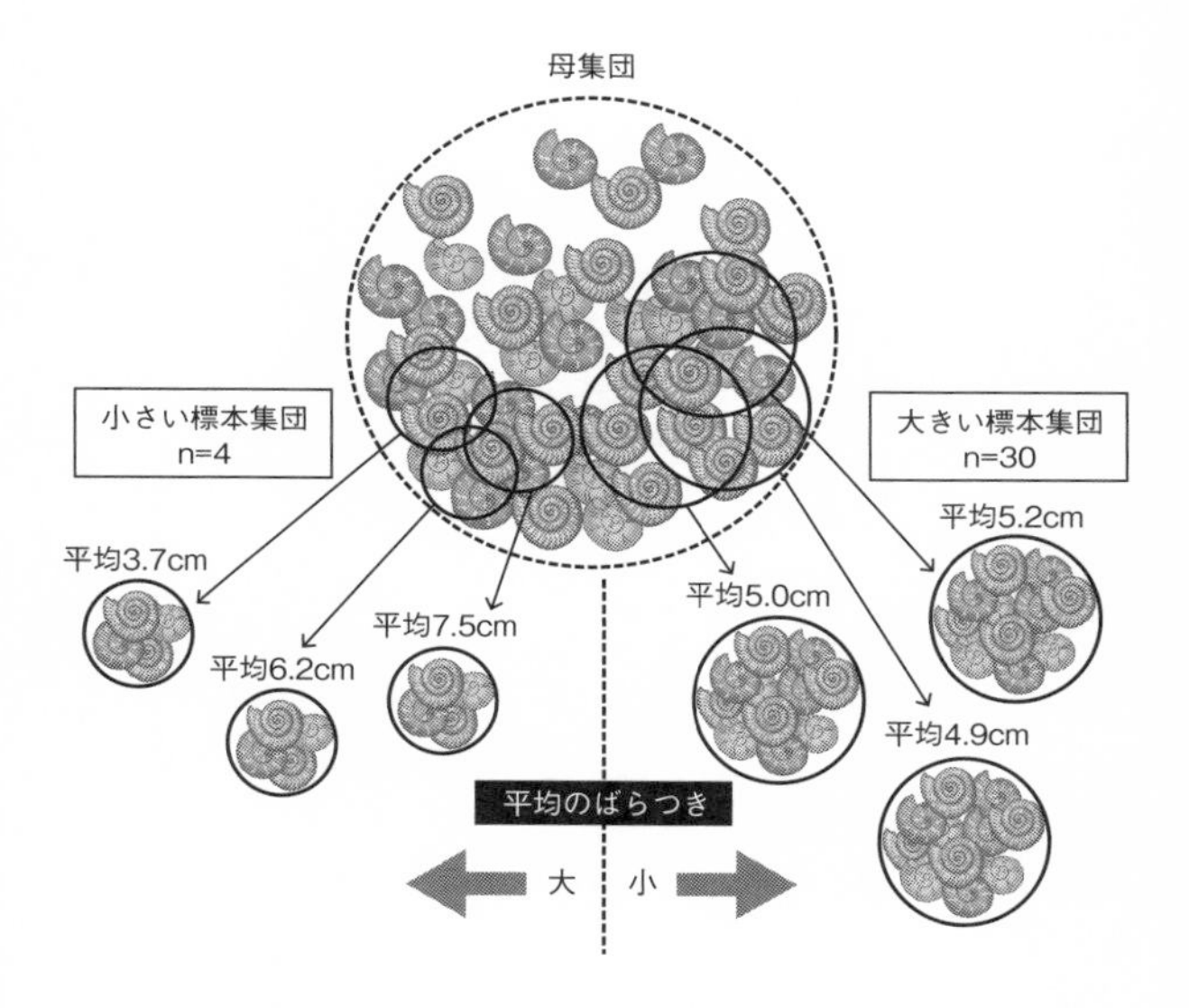

図5－4　標本サイズが大きければ標本平均のばらつきは小さくなるが、標本サイズが小さいときには標本平均のばらつきが大きくなってしまう

だから、こそ、化石目線で生き物を見るのです。化石を観察しても性別も成長段階もわからないのであれば、性別や成長段階によって特徴的な形態を見つけることに注力するのです。例えば、「成体のオスでのみ〇〇が見られる」ということになれば、もし化石で〇〇が見られた場合、「この個体は成体のオスである可能性が高い」と判断できるわけです。

カブトムシやクワガタのように、性別や成長段階による形態の差異が顕著な生き物もいます。しかし、その差が非常に小さい場合、まだ誰も気づいていないかもしれません。特に化石目線で生き物を見る場合、「化石として残される可能性が高いのはどこの部位だろう?」という観点で考えます。性別や成長段階によるわずかな差を認識したとして、それが交尾器や内臓など生物学的には重要な部位であったとしても、化石として残される可能性が低い場合には、古生物学者はあまり注目しないかもしれません。一方で、差があった部位が生物学的にはあまり重視されていない部位であったとしても、化石として残される可能性が高い場合には、古生物学的には重要な部位ということになります。

「0 or 1」と「0〜1」

ある生物のある部位に、性別や成長段階による形態や状態の差異があるとします。最もわかりやすいのは、その差異が「あり」「なし」として判断できる場合です。角がある、突起がない、といった具合です。

例えば、突起がオスにはあってメスにはないという場合を考えます。全長に対して突起のサイズが非常に小さかったとしても、あるかないかの二つの状態しかない場合は扱いやすいです。とはいえ、あまりに突起サイズが小さい場合には、化石化の際にわずかに摩耗したり変形したりしてしまうと、突起が失われてしまう可能性もあるので、注意が必要です。

表現を変えると、突起ありの状態を1、突起なしの状態を0とすれば、0か1かの2通りの状態しかないことを意味します。0と1の間、すなわち「突起がわずかにある」という状態は存在しません。0・1も0・5も0・9も存在しないのです。

この場合は、化石にもスムーズに適用することができます。近縁種の化石を観察して、この突起が見られる場合には、この化石個体もオスだったと判断できます。近縁種の化石個体に突起が見られない場合はメスだと判断したくなりますが、化石化の際に突起が欠損してしまっている可能性も常に頭の片隅に置いておくことが重要です。

一方で、差異が「程度」で決まる場合は、より慎重に扱う必要があります（図5－5）。膨らみが強い、幅が広い、毛が長い、といった具合です。ある器官の形態に注目したとき、メスのほうがオスに比べて幅が広いという場合を考えます。このとき、幅が○㎜未満であれば必ずオスで、○㎜以上であれば必ずメス、というような絶対的な境界があれば判断には困りません。

しかし多くの場合、ここまでクッキリ分かれるということはありません（図5－5）。幅が○㎜以上であるオスも稀にいるかもしれませんし、幅が○㎜未満のメスも稀にいるかもしれません。突起の有無の例とは異なり、幅の広さには、間が存在するのです。幅の最大値を1、幅の最小値を0とすれば、0と1の間にもデータが存在するのです。0・1（幅が最小値に迫るくらい狭い）も0・5も0・9（幅が最大値に迫るくらい広い）も存在します。

これは、幅のデータの分布がオスとメスで異なるということに他なりません。メスの

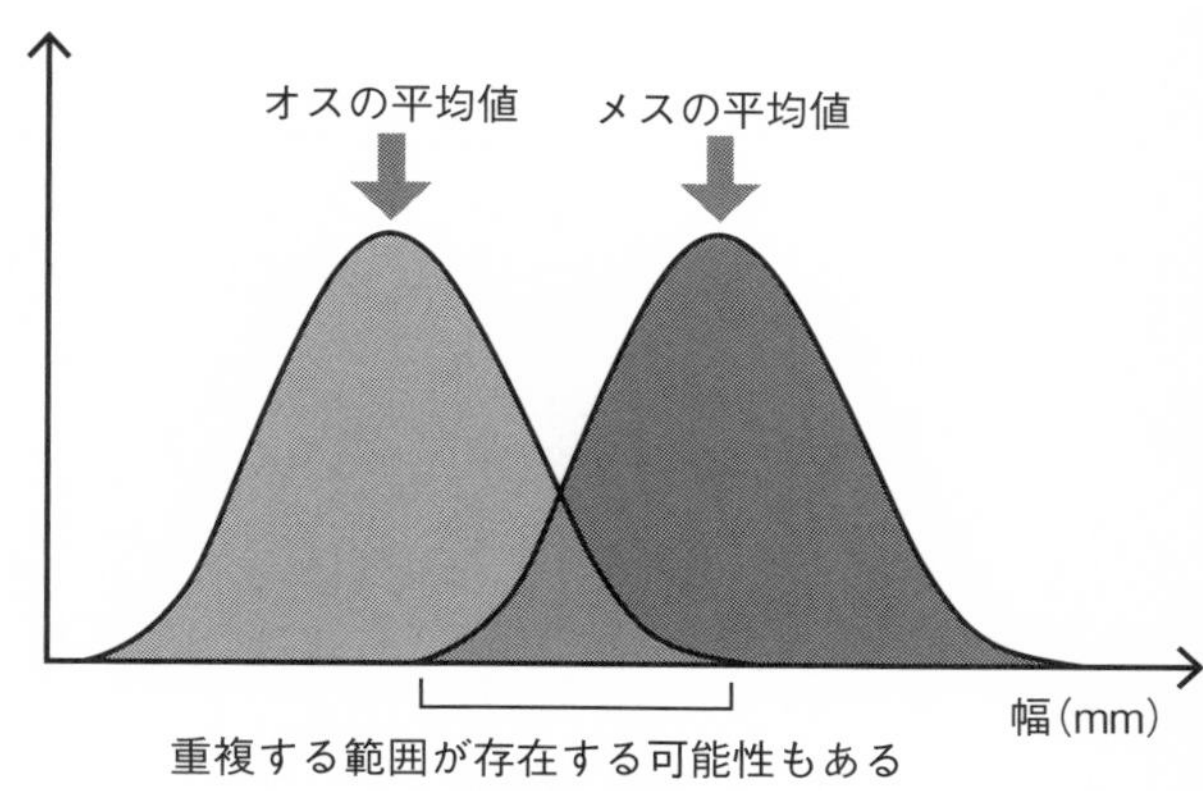

図5−5　オスとメスで重複する範囲が存在する場合には注意が必要である

ほうが「必ず」オスよりも幅が広い、というわけではないのです。このような場合、一般的には、統計学的な方法を用いて、オスの幅の平均値とメスの幅の平均値の差を検討します（図5−5）。

化石に適用するのは少し注意が必要ですが、適切な統計学的方法を使って検討すれば、不可能ではありません。近縁種の化石個体を観察し、その器官の幅を計測します。そのデータが、オス（もしくはメス）の分布の中に入る確率はどの程度であるのかを検討します。当然、確率が高いほうの性別であったと考えるのが妥当な判断です。

このように、化石目線で生き物を見て、化

石として残される可能性が高そうな部位の形態に差異があったとしても、差異の性質や程度次第では、化石化の際に差異が見られなくなってしまう可能性もあるのです。理想と現実のギャップといったところでしょうか……やはり化石は難しいです。

成長に応じた形状の変化

ある生き物の全長や特定の部位の幅を計測して雌雄で比較する場合には、成長段階を揃えて計測する必要があります。多くの場合、雌雄で差がある特徴は性成熟（せいせいじゅく）に伴って現れることが多いので、成体で顕著です。成長段階を揃えずに比較してしまうと、誤った結論を下してしまいます。

しかし成体だからといって、全ての個体がまったく同じ大きさを持っているわけではありません。身近な例では、我々ヒトの身長を考えても一目瞭然です。成人男性であっても、身長が高い人もいれば、低い人もいます。成長段階を揃えるというのは必要な処理の第一歩であって、成長段階を揃えさえすればOKという意味ではありません。

長い・短いとか大きい・小さいというのは、常に**相対的**に評価する必要があるのです。

相対的にというのは、何か基準を設定し、その基準と比較するということです。例えば、平均と比べると大きい、全長に対して短い、といった具合いです。相対的に評価する際に、もっともよく使われるのは「比率」です。例えば突起の長さの長い短いを判断するときに、体の大きさが極端に異なる種類同士で、突起の長さの数値そのものを比較しても意味がありません。しかし、比率を比較することで、体の大きさの影響をなくして一律に比較することができるわけです。全長10cmで突起の長さが1cmの場合（突起の比率は0・1）と全長1cmで突起の長さが0・2cmの場合（突起の比率は0・2）で比較しましょう。すると、後者の方が突起の長さそのものは短いですが、体の大きさとの比率を考えると、後者の方が相対的に突起が長いのです。

このように、比率で比較するのはわかりやすくて便利なのですが、完璧な方法ではありません。状況をさらにややこしくするのが、このような比率の値は、性別や成長段階によっても変化する可能性があるということです。具体例として、ヒトの頭の大きさを考えます（図5-6）。一般に赤ちゃんは頭でっかちで、それが大人になるにつれて小顔になります。しかしこれはあくまで相対的なもの、すなわち、「身長に対する頭の大きさ」の話です。頭の大きさの数値（頭の長さ）自体を比べると、当然、赤ちゃんのほうが大人よりも小さいです。

それにもかかわらず、赤ちゃんのほうが「頭でっかち」だというのは、身長に対する頭の長さの比率が、大人と比べると大きいという意味です。大人の場合、スタイルのいい人の代名詞として、八頭身という用語があります。これは文字通り、身長が頭の長さの8倍くらいという意味です。成人が全員八頭身ということではないですが、頭の長さと身長の比率（＝身長÷頭の長さ）は8程度だとしましょう。しかし、子どものころから八頭身であったわけではありません。つまり、この比率の値（成人では約8）というのは不変ではなく、成長段階とともに大きくなるのです（図5－6）。

このような、生物の特定の部位どうしの関係、あるいは全体と部分の関係を、専門用語では相対成長といいます。成長とは、生き物の全体や特定の部位に関する時間的変化なので、通常は時間（年齢）とともに大きさや機能などがどのように変化していくか、という点に焦点が当たります。しかし古生物相手の場合、その個体が何歳であったのかを知ることは大半の場合は不可能です。なので、古生物の成長について知りたいと思っ

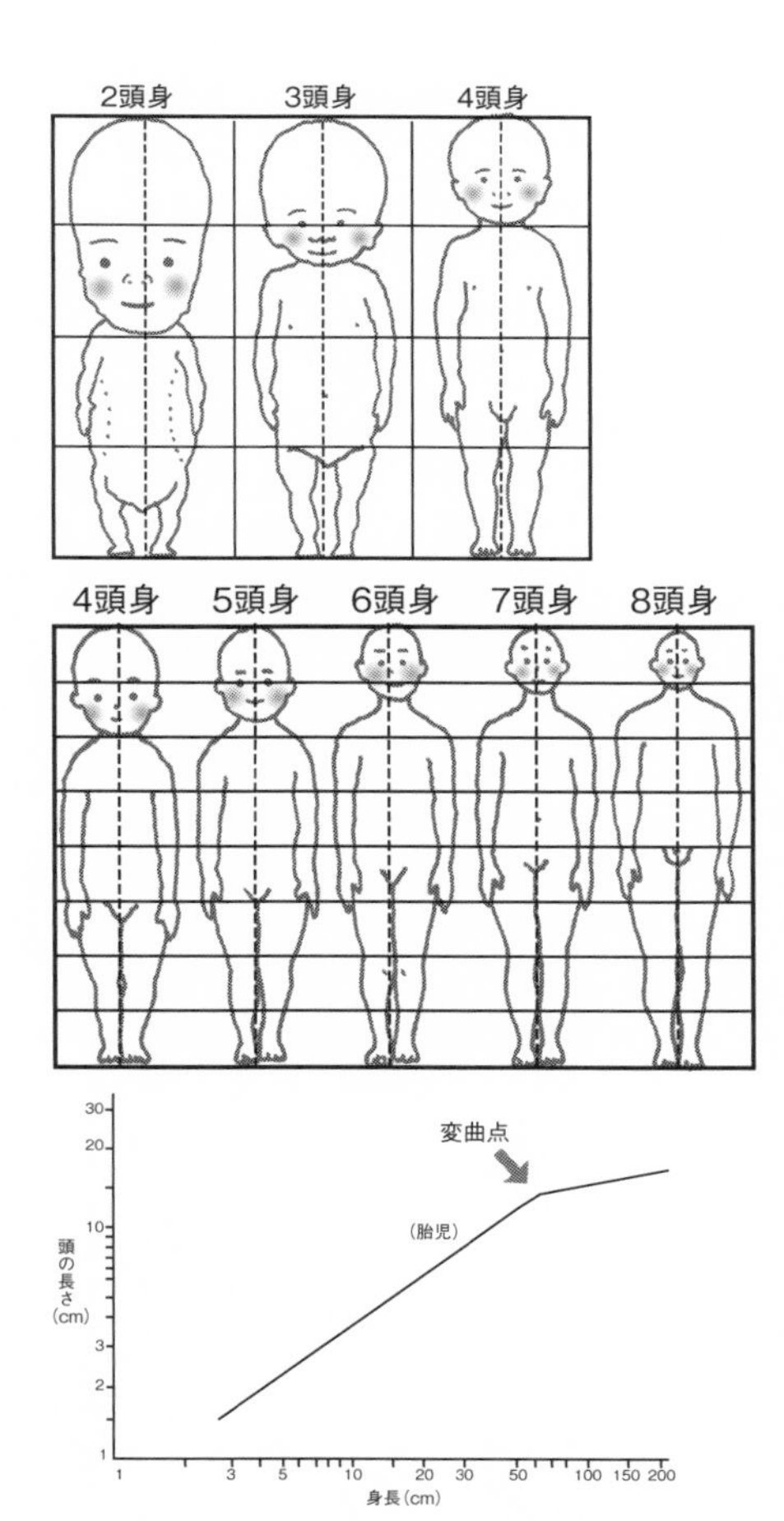

図5－6　ヒトの場合、身長と頭の長さの比率は成長とともに変化する

ても、目の前の個体が何歳なのかがわからなければ、お手上げです。

しかし相対成長を考える利点は、目の前の個体の年齢がわからなくても、適用可能だという点です。全長と頭の長さの関係など、特定の二つの部位の計測値が得られれば、それらの関係性を解析できるのです（相対成長解析）。相対成長解析は、古生物学の研究ではしばしば登場します。年齢不明でも扱えるという点や、欠損している化石であっても注目する部位さえ残っていれば計測可能だという点は、古生物学と相性がいいのです。

もちろん、古生物の年齢がわからないという状況は変わりありませんが、体の大きさであっても特定の部位の大きさであっても、一般に年齢とともに大きくなります。したがって、相対成長解析をすることによって、古生物の成長という生物学的側面についての知見をある程度得ることができるのです。

形態学的な情報だけでなく……

隠蔽種かもしれない？

化石目線で生き物を見るということで、ここまでは生き物の形と大きさに関する話題でした。形態的な情報は化石でも残されることが多いので、古生物学と相性がいいのです。しかし、これは直感的にイメージはしやすいのですが、実は解釈が難しい側面もあるのです。一般に近縁種どうしは形態が似ているものが多いですが、これまで見てきたように、同一種であってもある程度の幅があります。

古生物学の大きな魅力は、数千～数万年以上という地質学的な時間スケールで同一種の変遷を「追跡」できることです。特に、第四紀など若い地質年代の化石を研究する場合には、現生種の化石個体（と思われるもの）を扱うことも多いです。例えば私の研究室では、エンコウガニという種（およびその近縁種）のカニの研究をしています（図5-7）。エンコウガニは現在も日本周辺の海域に多く生息している種です。化石記録も比較的多く、百数十万年前の地層からもエンコウガニと思われる化石が見つかっています。

ここからは仮の話です。今、100万年前のエンコウガニと50万年前のエンコウガニと10万年前のエンコウガニと現在生きているエンコウガニの形態を比較したとき、ある部位の形態が時間とともに少しずつ変化していることを発見したとしましょう。これは、何か進化的な意義があるのでしょうか？　あるいは同一種であっても形態の幅があるので、単にその幅の範囲内で変化しているだけで、実は進化的な意義はないのかもしれません。

そもそも、１００万年前の地層から見つかったエンコウガニは、本当に今生きているエンコウガニと同種なのでしょうか？　なぜこんなことが気になるかというと、エンコウガニの隠蔽種（いんぺいしゅ）が存在するかもしれないからです。隠蔽種とは、互いに形態は見分けがつかないほど似ているので識別が困難であるが、遺伝的には異なっているという種のことです。見た目では区別がつかない別種という意味なので、隠蔽種というのです。

実際にさまざまな分類群で隠蔽種の存在が知られていますが、これは化石を主要な研究対象とする古生物学にとっては悩ましい存在です。同種内での比較をしたいはずが、いつの間にか別種と比較していたのであれば、一気に話が変わってきます。

現生種であれば、遺伝的な情報を得ることができます。エンコウガニの場合も、例えば鉗脚（かんきゃく）を割って中の筋肉組織からＤＮＡを抽出して、特定の遺伝子の塩基配列を解読することができます。エンコウガニの近縁種（同属別種）であれば、同じ遺伝子領域であ

図5－7　実験室に収蔵されているエンコウガニを含むカニ類の液浸標本

ってもエンコウガニの塩基配列とは少し異なります。

しかし、100万年前の地層から産出したエンコウガニの化石個体には、筋肉などの軟組織は残されていません。当然、DNAはとっくに分解されてしまっています。100万年前のエンコウガニにそっくりなカニの化石が実はエンコウガニの隠蔽種であったかもしれませんが、遺伝情報を解読することができないので、この可能性を否定することも確かめることもできないのです。

これは、検証可能性を重視する科学研究においては致命的です。検証も否定もできない考えは、科学が扱える範囲を超えています。この意味で、「100万年前のエンコウガニと思われる化石はエンコウガニの隠蔽種であって、したがってエンコウガニと

は別種である」という仮説は科学的ではありません。もちろん、個人の自由意志として
このように考えることを否定しているわけではありません。それどころか、この考えが
真実と一致している可能性もあります。ただし繰り返しますが、科学の方法ではこの考
えを扱いきれないというだけです。

というわけで古生物学者は十中八九、このように考えるはずです。「100万年前の
エンコウガニそっくりな化石は、エンコウガニの隠蔽種であってエンコウガニではない
別種の可能性もあるけど、それは検証も否定もできないという点で科学の方法では扱え
ないので、100万年前のエンコウガニそっくりな化石はエンコウガニであると考える
のが妥当だろう」、と。

しかし、です。それこそ私個人の科学的ではない考えですが、このような一般的な古
生物学者の考えについて心の底から納得することはできていないのが正直なところです。
なぜなら、今現在生きている生物で、これだけ隠蔽種が存在しているのです。（ほとん
どすべての）化石からはDNAを抽出することができないというのは事実なのですが、
何とかアイデアを出して、より妥当かもしれない考えを得ることはできないのでしょう

か。

化石目線で遺伝子を読む

そんなときは、化石目線で生き物を見る、です。100万年前のエンコウガニからDNAを抽出することはできないので、考えの方向性を変える必要があります。現在生きているエンコウガニならば、DNAを抽出して遺伝的な情報を得ることができます。であれば、可能な限り多くの産地のエンコウガニを入手して、DNAを抽出して特定の遺伝子領域の塩基配列を解読し、隠蔽種がいるかいないかを検討すれば良さそうです。

もし隠蔽種の存在を示すデータが得られないのであれば、少なくとも今現在においては、形態学的にエンコウガニと判断できる個体は、やはり本当にエンコウガニである可能性が高いと判断できるわけです。過去においても同様だとすると、100万年前のエンコウガニそっくりな化石個体はやはりエンコウガニだと思って良いでしょう。

もちろん、現在の状況が過去においても成り立つとは限りません。物理法則であれば時代を問わず同様の法則が成り立ちますが、生物に関する経験則は物理法則とは異なります。条件によって、場所によって、タイミングによって、種によって、一方では成り立っていることが、他方では成り立たないということはよくあります。

したがって、結局のところは過去にエンコウガニの隠蔽種が存在していたかどうかは不明のままですが、少なくとも現存するエンコウガニ個体の遺伝子を読むのと読まないのとでは、解釈の際の安心感が大違いです。

まだまだ十分な個体数を研究できたとは言いがたいですが、私の研究室では日本近海の複数産地のエンコウガニを入手して、いくつかの領域の遺伝子に注目してその塩基配列を解読しています（図5－7）。その結果、エンコウガニに隠蔽種が存在することを積極的に示すデータは今のところは得られていません。そのため現状では、100万年前のエンコウガニそっくりな化石も、50万年前のエンコウガニそっくりな化石も、10万年前のエンコウガニそっくりな化石も、全てエンコウガニだと考えています。

現生個体と化石個体

その上で、エンコウガニの化石の形態を現生個体と比べると、面白いことに、少し形態が異なる部位があることがわかってきました。それは、甲羅の厚さです。同じサイズの個体を比べた場合、化石個体のほうが現生個体よりも、甲羅が少し薄いのです。

古生物学者としては、エンコウガニでは時間とともに甲羅が厚くなるように進化したのだろうか？　それはなぜか……？　と考えたくなりますが、おそらく化石化の際の変形の影響である可能性が高いです。この場合、化石個体と現生個体の差は、残念ながら進化的に意義のあるものではありません。

このように、化石の目線で現生個体と化石個体にアプローチしていくことで、化石からDNAを抽出できなかったとしても、より信頼性の高い考察が可能になるのです。したがって、「古生物学的な視点をもって」現生種の遺伝的な情報を解読するという方法は、古生物学の研究でも重要になるはずです。

エンコウガニの例で述べた通り、実際に私の研究室は古生物学の研究室ですが、最近になって遺伝子実験室をゼロから立ち上げました（図5－8）。この実験室だけを見るといわゆるバイオ系の実験環境なので、古生物学の研究室の一般的なイメージとはかけ離れています。しかし、化石や地層を研究することだけが古生物学の研究ではないのです。化石目線で生き物を見るというのも、立派な古生物学的な研究なのです。化石を研究しない古生物学者がいても良いではありませんか。

数理モデルというアプローチ

化石を通して見えてくる古生物像が「ブラックボックス」なので、いろいろと考えて考えて、少しずつでも「グレーボックス」にするための努力をしよう――本章でのテーマです。そのためには、化石目線で生き物を見ることが重要になるので、形態や遺伝子に注目してお話ししてきました。

これまでは、化石目線で生き物を見るという発想の下、化石にも残される可能性がある生物学的な特徴に注目していました。しかし、化石の観察では、隠蔽種がいたとしても判別できません。また、成長段階や性別による形態の差異がないような種の場合は、化石の観察をしただけでは成長段階や性別といった生物学的側面を知ることはできません。

やはり、なかなか難しそうだと感じている方も多いかもしれません。何を隠そう、私

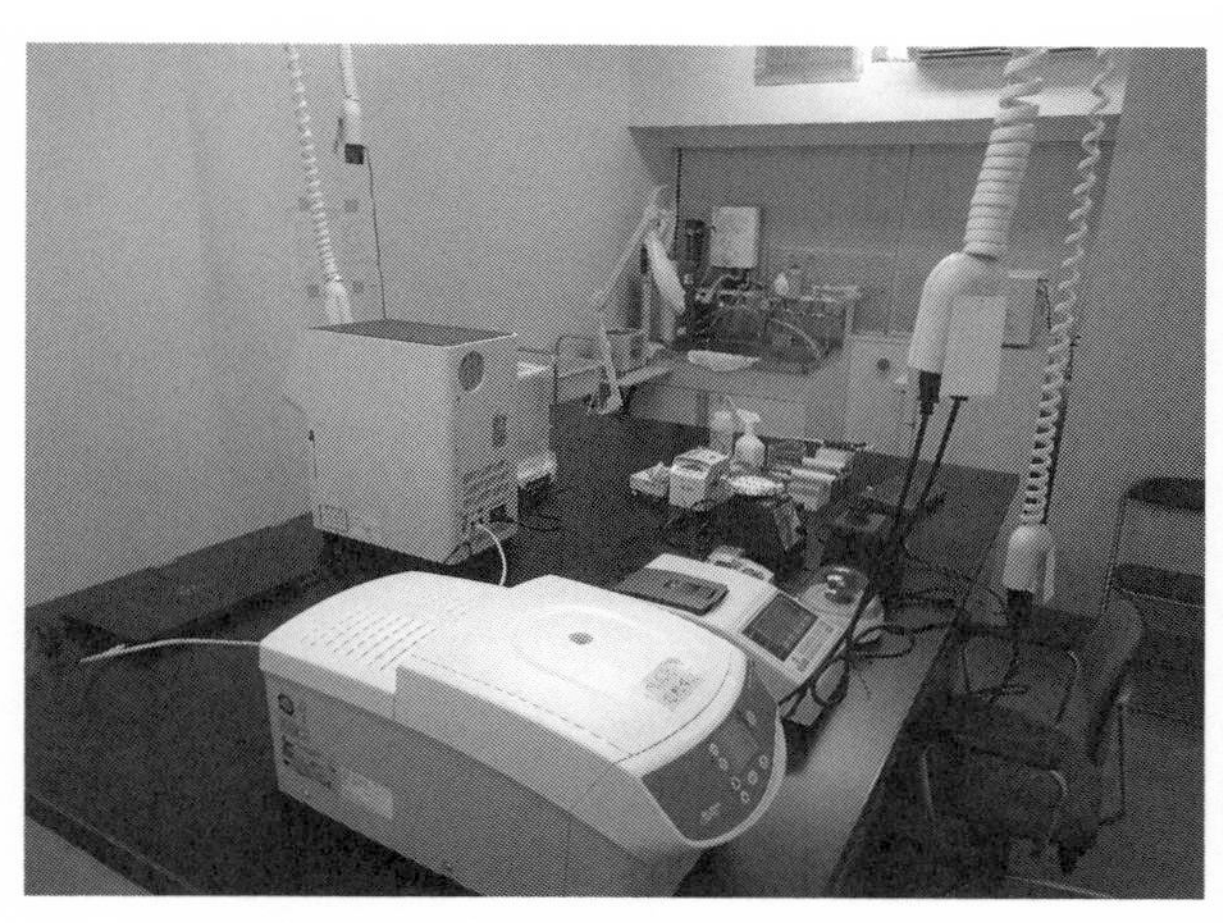

図5－8　2020年以降にゼロから立ち上げた遺伝子実験室

もその一人です。スタンスとしてはグレーボックスにしていきたいのですが、考えれば考えるほど、「化石と古生物の距離」が否が応でも見えてきてしまいます。

こういう時は、考え方を少し変えてみましょう。ブラックボックスからホワイトボックスにするのを目指して、まずは第一歩としてグレーボックスにしようとしていたのでした。色を薄くしていこうという発想です。色を薄くする以外にも、生物学的側面を知る方法はないものでしょうか……？

最近私の研究室では、遺伝子実験に加えて、数理モデルに関する研究も新たにスタートしています。ここでの発想は、「ブラックボックスのままでもいいじゃないか」というものです。逆転の発想です。

数理モデルでは、明らかにしたい古生物の特徴を数式を使って表現することを目指します。ここでの特徴とは、体重であったり個体数であったり摂餌によって得るエネルギーであったり咬合力（＝噛む力）であったり、研究テーマによって異なります。共通する考え方は、知りたい特徴は果たしてどんな要素がどのように影響しているのか、その関係性を数式を使って表すということです。

ここで重要になるのは、物理法則などの幅広い条件で成り立つ自然法則や、生物に関する膨大な観測データから得られた経験則です。このような法則や経験則を組み合わせて、知りたい特徴に関する数式を理論的に導出します。

特に古生物学では絶滅種を研究対象にする場合も多いので、数理モデルは効果的です。なぜなら、物理法則や生物に関する経験則は、特定の種だけに当てはまるようなものではなく、むしろ幅広い分類群に対して共通に成り立つものだからです。

簡単な例として、絶滅種の化石から、その古生物の体重を推定するという場合を考えます。もちろん、生息当時の姿は誰も見ることができません。したがって、古生物の体

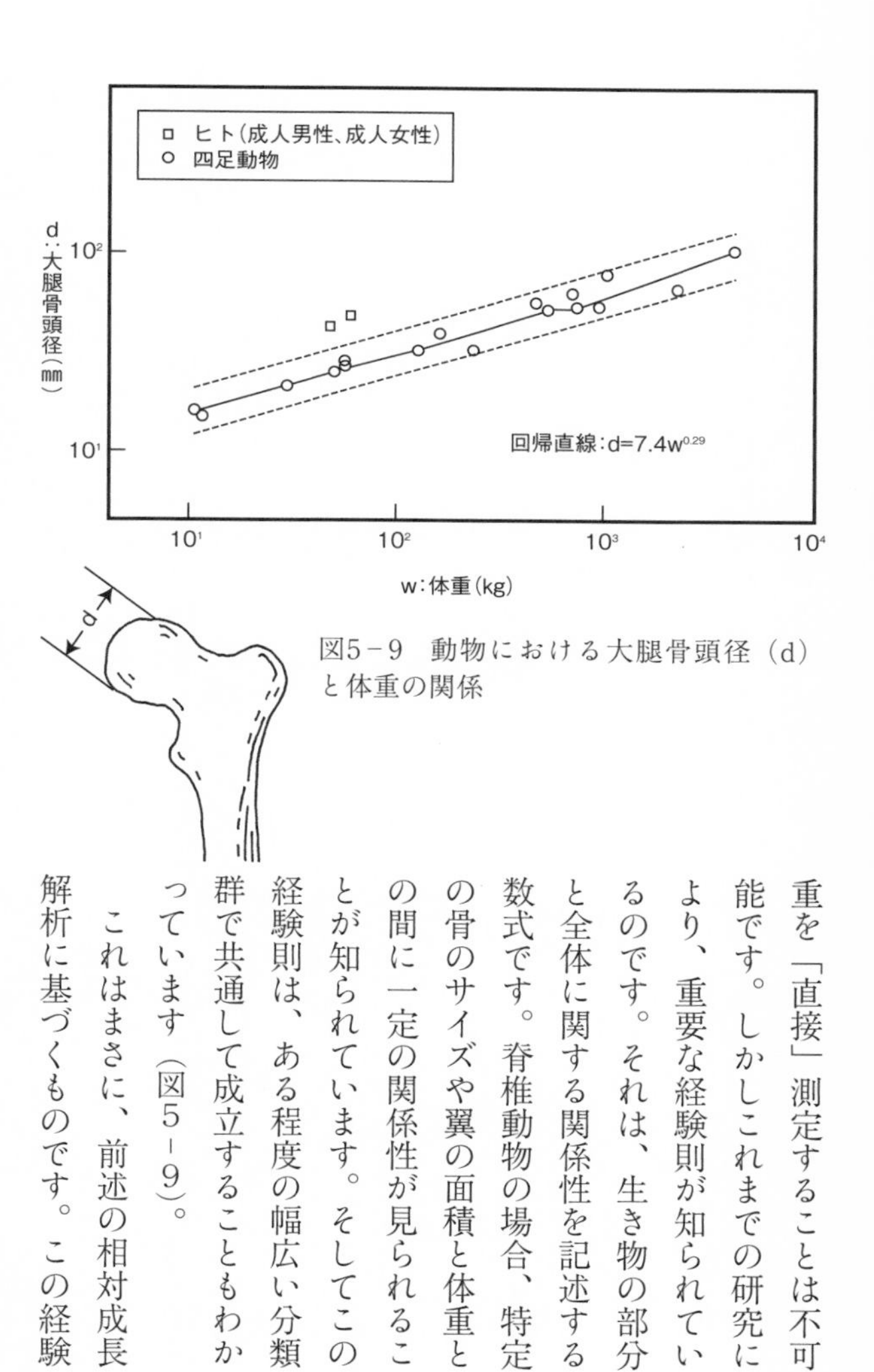

図5－9　動物における大腿骨頭径（d）と体重の関係

重を「直接」測定することは不可能です。しかしこれまでの研究により、重要な経験則が知られているのです。それは、生き物の部分と全体に関する関係性を記述する数式です。脊椎動物の場合、特定の骨のサイズや翼の面積と体重との間に一定の関係性が見られることが知られています。そしてこの経験則は、ある程度の幅広い分類群で共通して成立することもわかっています（図5－9）。

これはまさに、前述の相対成長解析に基づくものです。この経験則が、数理モデルの骨子となる数式になるわけです。したがって特定の骨の化石や翼の印象化石など相対成長解析で使える部位だけでも残っていれば、他の部位の化石が断片的であったとしても、その絶滅種の体重を推定することができます。図5－9の場合、大腿骨頭径(だいたいこつ)を実際に測定して、経験則の数式を使って計算すれば、体重の値を求めることができます。

もちろんこの値は、特定の数理モデル（＝一つの数式）に基づいた一つの推定値です。しかしここで画期的なのは、断片的な化石記録であったとしても、あるいは絶滅種と現在生きている近縁種との系統関係が不明であったとしても、その古生物の体重という生物学的な特徴を数値的に導き出すことができることです。「ブラックボックスのままでいいじゃないか」というのは、まさにこういうことです。

ここで挙げた例は非常に簡潔なもので、実際の研究現場ではもう少し複雑な数式がバンバン登場することも多いです。しかし基本的な考え方は、ここで述べたものと何ら変わりはありません。

ただし数理モデルも完璧ではなく、弱点もあります。数理モデルの骨子となる数式を

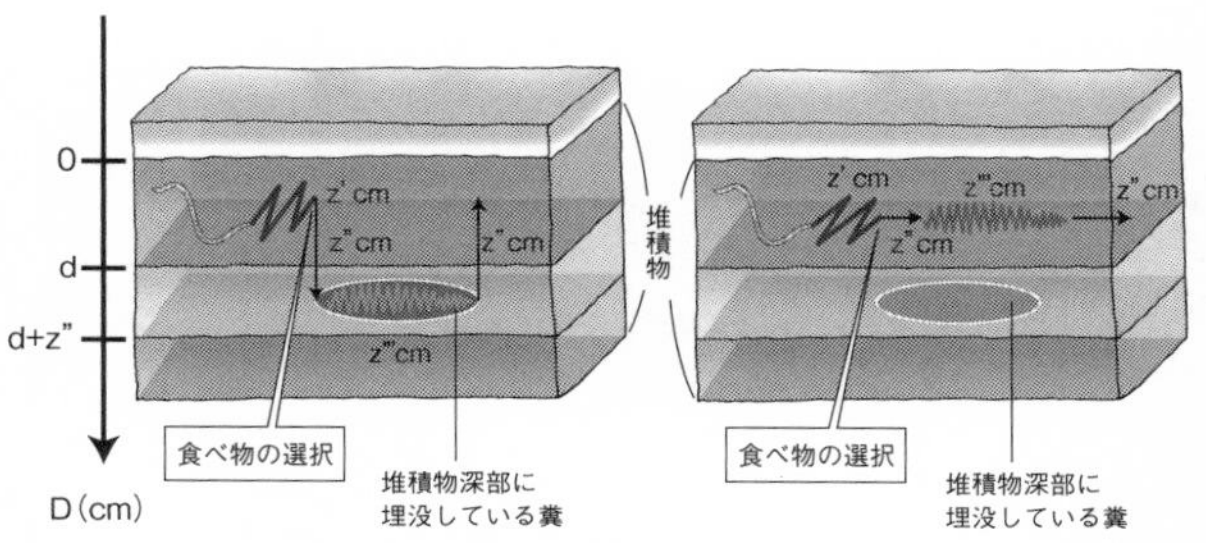

図5－10　生痕化石に注目した数理モデル研究の概念図の一例。生痕化石に記録されている糞食（ふんしょく）行動の有無が、どのような要因によるものなのかを、エネルギーバランスの計算を通じて解明した研究の例

作る際には、複雑な自然現象をすべて忠実に再現することは不可能なので、本質を損なわない程度に簡素化する必要があります。つまり数理モデルとは、近似なのです。

しかもその簡素化の際に、期せずして本質が損なわれてしまうという可能性が常に存在します。

こうした弱点に目をつむらず、正面から向き合えば、数理モデルはやはり強力なアプローチです（図5－10）。数式とにらめっこしたり、条件を変えてひたすら計算したりする古生物学者もいるのです。この場合には、紙とペン、そしてコンピュータが研究道具となります。

古生物学の研究は、意外なほどに多様なのです。

第六章　古生物学の研究はブルーオーシャン

古生物学の将来

第五章では、化石を研究しない古生物学者がいることを紹介しました。ポイントは、「化石目線で生き物を見る」ということでした。加えて、数理モデルが古生物学においてはときに強力な研究アプローチになるということも見てきました。

古生物学の研究は化石の発掘だけではなく、本来はとても多様なのです。つまり、古生物学においては研究アプローチの幅がとても広いということです。この点を意識すると、古生物学の将来像が、ぼんやりとですが見えてくる気がします。古生物学の研究は、ブルーオーシャンなのです。

今も昔も、地層を調査して、化石を発掘して、その化石をじっくりと観察する、という一連のプロセスが古生物学の王道であることには何ら変わりがありません。しかし、これはあくまで個人的な見立てですが、この王道を突き詰めていくだけでは、古生物学の将来は明るいものにはならないかもしれません。

古生物学は、今まさに岐路に立っている——古生物学の将来はどうなっていくのでしょうか？　漠然とこれまでの方法を踏襲していくだけでは、古生物学という学問全体が先細ってしまうでしょう。そうならないために、今が重要です。今考えて、今動かなければならないのです。第六章では、古生物学の将来について考えていくことにします。

研究対象の幅と研究者人口

子どもの数が減少していると言われて久しいです。私は千葉大学に教員として勤務していますが、この傾向が続く限りは大学生の数も徐々に減ってくることは自明でしょう。大学と大学院は、学問の場としては特に重要です。大学は教育現場であると同時に、研究現場でもあるのです。意外に思われることもありますが、大学教員は、小・中・高校の教員と違い、教員免許を持っていません。教員免許の代わりに大学教員に求められる素養は、研究の専門性です。したがって、大学教員は一般的に何らかの分野の専門家なのです。

　さて、大学や大学院では学生は研究室に所属し、特定の教員の指導の下、ある分野の専門研究を行います。その過程で、専門的な技能を身に付けていくのです。古生物学も、その例外ではありません。大学や大学院は研究が行われる現場であるのと同時に、研究のやり方を習得するいわば「研究者の養成機関」でもあるのです。

　しかし今現在、古生物学を専門にしている大学教員の数は、決して多くありません。しかも時の流れとともに、どんどん減っているのです。これは、学問の存続という点では危惧すべき傾向です。大学教員がいなくなれば、仮に古生物学を研究したいと思う学生がいたとしても、研究を行うことができないからです。専門的な知識を蓄えていくことは独学でも十分に可能ですが、研究の具体的方法や研究者としての心構えなどは、やはり先達から学ぶ以外の方法で習得することは難しいと思われます。

　こと古生物学は、研究対象の範囲が圧倒的に広いです。例えば生物学の主要な研究対象は、現在生きている生物です。もちろん、それだけでも膨大な種の生物がいるので、わかっていないことのほうが多いでしょう。古生物学の研究対象は、約40億年前に誕生した最古の生命から現在生きている生物に至るまでのすべての生物です。40億年間という長大な時間軸があるのです。

第三章で思考実験を行ったように、古生物のうち化石として地層中に残される割合は極めて少ないはずです。それでも、40億年というのは圧倒的に長いです。研究対象の種数という点では、古生物学は、生物学とは比べ物にならないくらい多くの種が研究対象になるはずです。それにもかかわらず、古生物学者の数と生物学者の数を比べると、古生物学者のほうが圧倒的に少ないのです。

すなわち、圧倒的に少ない研究者人口にもかかわらず、研究対象は圧倒的に多いのです。古生物学は学問として約２００年の積み重ねはあるものの、このようなアンバランスさがあります。

誰も歩いていないデコボコ道vs.ひしめき合ういばらの道

古生物学は、研究対象の幅に対して、研究者人口がまったく追いついていません。つまり研究の道は、ほぼ誰も歩いていないデコボコ道なのです。

このことは、古生物学という学問全体で見ると前途多難な側面です。地球生命史の全容を知りたい――これは、多くの古生物学者が心に抱く願望であることは間違いありません。しかし同時に、それが相当に難しい、いや、実質的には不可能であることもまた、古生物学者が誰よりもわかっているのです。

しかし古生物学の研究という側面を考えると、このような現状はそこまで悪いものではありません。なぜなら、研究すべきテーマは山のようにあるからです。化石発掘の経験がなくても、これまでに持っている専門的な知識が多くなくても、研究を始めたての若手であっても、古生物学に興味さえあれば、世界的にも重要な研究成果をあなた自身が生み出すことができる可能性も十分にあります。

もちろん実際の研究に当たっては、大学や大学院で古生物学の研究室に所属して、専門的な技能の指導を受けながら進めていく必要があります。さらに、誰も取り組んでいないテーマだからこその困難さもあるでしょう。考えている仮説はそもそも的外れではないのか？　今やっている観察で本当に知りたいことがわかるのか？　データの解析方法は適切なのか？　困難さの内訳は、挙げればきりがありません。

それでも、古生物学に対する興味と情熱があれば、きっとオリジナリティの高い重要な研究成果を上げることができるはずです。古生物学は、この学問に興味を持っているあらゆる人に開かれているのです。

一方で、学問としての歴史も長く、かつ研究者人口が多いような学問分野であればどうでしょうか？　専門である古生物学以外の状況は詳しくないのですが、古生物学の研究が誰も歩いていないデコボコ道であるならば、ひしめき合ういばらの道に例えることができるかもしれません。古生物学に比べると学問的に圧倒的な積み重ねがあるため、これまでに明らかになっていることも多いでしょう。そうすると、一人の若手研究者がいきなり革新的な成果を出すことは、古生物学と比べるとそう簡単ではないかもしれません。

研究者の多様性

古生物学の研究が誰も歩いていないデコボコ道だとしても、今後研究者人口が増えれば、それに比例して研究成果の幅も順調に広がっていくかというと、実はそう単純ではありません。研究成果の幅を広げていくためには、古生物学者の人数を増やすことももちろん重要ですが、古生物学者の多様性を高めることも同じくらい重要です。

極端な例ですが、仮に今後10年で古生物学者の人数が今の2倍に増えたとします。しかしその増加分が全員、恐竜の研究をしていたらどうでしょうか？　それ自体の良し悪しについてはここでは議論しないことにしますが、こうなると当然、恐竜に関する知見は順調に増えていくでしょう。しかし、それ以外の側面については、現状とあまり変わっていないかもしれません。

恐竜に興味がある人にとっては、恐竜に関する研究が進めば、それで万々歳かもしれません。ただ古生物学全体を見ると、好ましい状況とは言えなさそうです。前述のように、古生物学の研究現場でもあり、古生物学者の養成機関でもあるのは、大学と大学院です。したがって、古生物学の研究が安定的に進展していくためには、いつの時代も常に、日本全国のさまざまな大学に古生物学を専門としている教員が所属しているのが理想的な状況です。

大学教員の採用人事は、公募で決まります。学問的なルーツをたどると、古生物学は地質学の一分野として発展してきました。したがって、一般に古生物学を専門とする教員は、理学部などの理系学部の中の地球科学系の学科に所属しています。大学教員の公募の際に、古生物学を専門としている人だけを対象にしている公募はほとんどありません。多くの場合、もう少し広い枠で公募が行われます。例えば、ある大学の理学部の地球科学科で教員の公募があるときには、一人分のポストに対して、岩石学を専門とする人や構造地質学を専門とする人や地形学を専門とする人や地球化学を専門とする人や火山学を専門とする人や古生物学を専門とする人が応募してくるような状況なのです。

新規の教員を公募する大学側も、同僚として長年付き合っていく可能性がある人を採用することになるわけですから、さまざまなことを考えるでしょう。もちろん、応募者の研究業績は、審査の際に最優先される事項です。しかし、大学は教育現場でもあるので、担当予定の授業を実施できるような教育経験があるのか、といった点も同じく重要視されます。

応募してきた古生物学者の研究業績が（古生物学の範囲で）卓越していれば、かなり有利になると思われます。しかし、仮にその古生物学者が、特定の分類群の化石に関連した研究業績しか持っていなかったとしたら、話は一変してしまうかもしれません。

専門の研究はもちろん安心してお任せできるとして、果たしてこの人に、学部での授業や実験の担当を任せても大丈夫だろうか？　大学の授業科目は教員の専門性を色濃く反映していることもありますが、学部や学科の必修科目や受講学生の数が多い授業科目を担当する場合などは、専門分野＋αの内容を担当しなければならないこともあります。

こうなると、特定の分類群の化石に関する研究業績に加えて、地層に関する研究業績も持っていたり、データ解析や数理モデルを主とする研究業績も持っていたりする人のほうが、専門分野を中核とした「広がり」を感じやすいものです。

したがって、日本全国のさまざまな大学に古生物学を専門としている教員がまんべんなく存在するという状況を作り出すためには、古生物学者の多様性が重要です。研究対象となる化石の多様性はもちろん、古生物学者自身の興味や技能の多様性を増していくことも不可欠です。

未来の古生物学者へ

古生物学はブルーオーシャン

本書では古生物学のさまざまな側面について、一人の古生物学者の目線で紹介してきました。ロマンあふれる学問という一般的なイメージとのギャップや、古生物学ならではの難しさなど、ともすればネガティブな印象のことにも敢(あ)えて触れてきました。

しかし、本書の最後で強調しておきたいことは、古生物学の研究はブルーオーシャンだということです。ブルーオーシャンとは、競合の少ない未開拓の市場や業界のことを指すビジネス用語です。前述の通り古生物学は、その研究対象の幅に対して、研究者人口が圧倒的に少ないのです。

これを生かすも殺すも、古生物学者次第です。古生物学のブルーオーシャンとしてのポテンシャルを生かすためには、古生物学者の多様性が必要です。本書では、古生物学の研究現場や古生物学者の葛藤の様子などの側面を伝えてきました。古生物学という学問の幅と古生物学者の多様性を体感してもらえたでしょうか……？　もし本書を読んで、古生物学という学問に対して少しでも興味が増したということであれば、著者として非常に幸せなことです。

特に、高校生〜大学生という大学院進学前の若い世代の方に何か響くものがあったのであれば、それはもう跳び上がって喜びます。古生物学の将来は、古生物学に少しでも興味を持ってくださった若い世代にかかっています。そして、これから古生物学の研究の世界に飛び込んでいこうという方に、どのようなモチベーションを持っていただきたいのかという方向性を示すのは、私たち現役世代の責任だと感じています。

古生物学者を目指すモチベーション

古生物学は、屋外におけるフィールドワークや化石発掘のイメージが強いです。研究対象も、本来は生命誕生以降の約40億年間の地球生命という広大な範囲であるにもかかわらず、世間一般的にはほぼ恐竜一択のような雰囲気すら漂っている感じもします。

なぜ、そうなっているのか、私にもわかりません。もしかしたら、これまでの古生物学者たちが、フィールドワークや化石発掘の話題、あるいは恐竜に関する話題を積極的に発信してきたことを反映しているのかもしれません。あるいは、単に化石に興味を持った人の多くが自らの手で化石を発掘してみたいと思うのが自然なのかもしれません。

研究対象に関しては、恐竜というのは（すべてではないですが）圧倒的なサイズに加えて、隕石（いんせき）衝突に伴う大規模な環境変動によって絶滅してしまったというドラマチックな側面が相まって、古生物学者のみならず世間一般から圧倒的な興味や支持を獲得しているのではないかと考えています。

このような状況なので、これまでは古生物学に興味を持つ人のモチベーションに幅が少なかったと言わざるを得ません。具体的には、「フィールドワークや化石発掘をしてみたい」あるいは「恐竜を研究してみたい」というのが、古生物学者を目指す方の二大モチベーションと言っても過言ではありません。

しかし私が今、声を大にして訴えたいのは、「古生物学者の多様性がもっともっと増えてほしい」ということです。同時に、古生物学者のキャリアパスも、本来はもっと多様であっていいはずです。現状では、多くの古生物学者は、大学の卒業研究からずっと古生物学（を含む地球科学）に関する研究に取り組んでいます。こうなると、否が応でも考え方の幅が狭まってしまうでしょう。すなわち、自然科学全体から見ると、ただでさえ数少ない古生物学者が、みんな似たり寄ったりになってしまうのです。これでは、どんなに古生物学者の数が増えたとしても、古生物学という学問自体は先細りしてしまいます。

古生物学者の多様性を増やすには

どのようにして古生物学者の多様性を増やしていけばいいのでしょうか？　私自身、良案を持っていません。本当に悔しいですが、どうしていけばいいのか、わからないのです。ただ漠然とですが、大きく分けて二つの方向性がありそうだと考えています。

一つは、古生物学者の内的変化を促すことです。古生物学の研究に携わる人の中でも、フィールドワークや化石発掘に魅力を感じている人は多いです。これらが古生物学の花形的要素で、そして極めて重要な研究プロセスであることは、未来永劫変わることはないでしょう。しかし、そういう人たち<u>だけ</u>では、古生物学が先細りすると思うのです。

したがって、何らかのきっかけを与えることで、古生物学者自身の興味の幅を広げていくというのが有効でしょう。ただし個人の体感としては、これはかなり難しそうだと感じています。一度できた価値観の軌道修正をするというのは難しいからです。

もう一つの方向性は、古生物学を含む地球科学以外の学問に興味を持っている方に、何とかして古生物学にも興味を持っていただくということです。どうすればこれができるのかというのが思い浮かんでいませんが、もしこれができれば、かなり有効だと考えています。

例えば大学の卒業研究では、数学に関する研究をしていたとします。その人が何かのきっかけで古生物学に興味を持ち、大学院で新たに古生物学の研究を始めたとしましょう。上手く研究テーマを設定することで、大学4年間で得た数学の知識や技能を、大学院での古生物学の研究に生かすことができます。そしてこの研究は、おそらく、大学からずっと古生物学の研究をしてきた人ではできない（orそもそも思いつかない）テーマである可能性が高いです。ここでは数学→古生物学という事例でしたが、数学だけではなく、物理学でも化学でも生物学でも地理学でも歴史学でも文学でも医学でも薬学でも工学でも、幅広い分野で類似のことが成り立ちそうです。

多様なバックグラウンドを持つ人が古生物学の研究に携わっていくことで、古生物学のブルーオーシャンっぷりを真の意味で生かすことができます。先人たちの肩に乗り、独自のアイデアをもって研究を展開することで、これまで誰も見えていなかった景色を自分が初めて見ることができる――研究の持つこのような醍醐味（だいごみ）は何物にも代えがたく、古生物学者のみならず、多くの分野で研究を生業にしている人が持っている共通の感覚だと思います。

古生物学に興味があるという方。最近になって古生物学にも興味が出てきたという方。古生物学は、まだまだわかっていないことばかりです。研究に携わる全ての人が、新しい発見をできる可能性に満ちあふれています。それは研究を始めたての若手研究者であっても、例外ではありません。別の分野から新たに古生物学の研究を開始した人であっても、例外ではありません。

本書を読んで、少しでもどこかにワクワクしてくださった方。あなたはもう、古生物学者になる準備ができています。あとはあなた次第です。すでに古生物学者である方は、日頃から大変お世話になっています。これから古生物学者になってみたいという方は、これからどうぞよろしくお願いいたします。既に別の仕事や研究に携わっているという方は、ご期待に沿えるように今後も精進いたします。

古生物学は、ブルーオーシャンです。生かすも殺すも、古生物学者次第です。正直なところ、古生物学の将来がどうなるか、私にもわかりません。しかし古生物学がブルーオーシャンであるからこそ、古生物学は面白いのです。

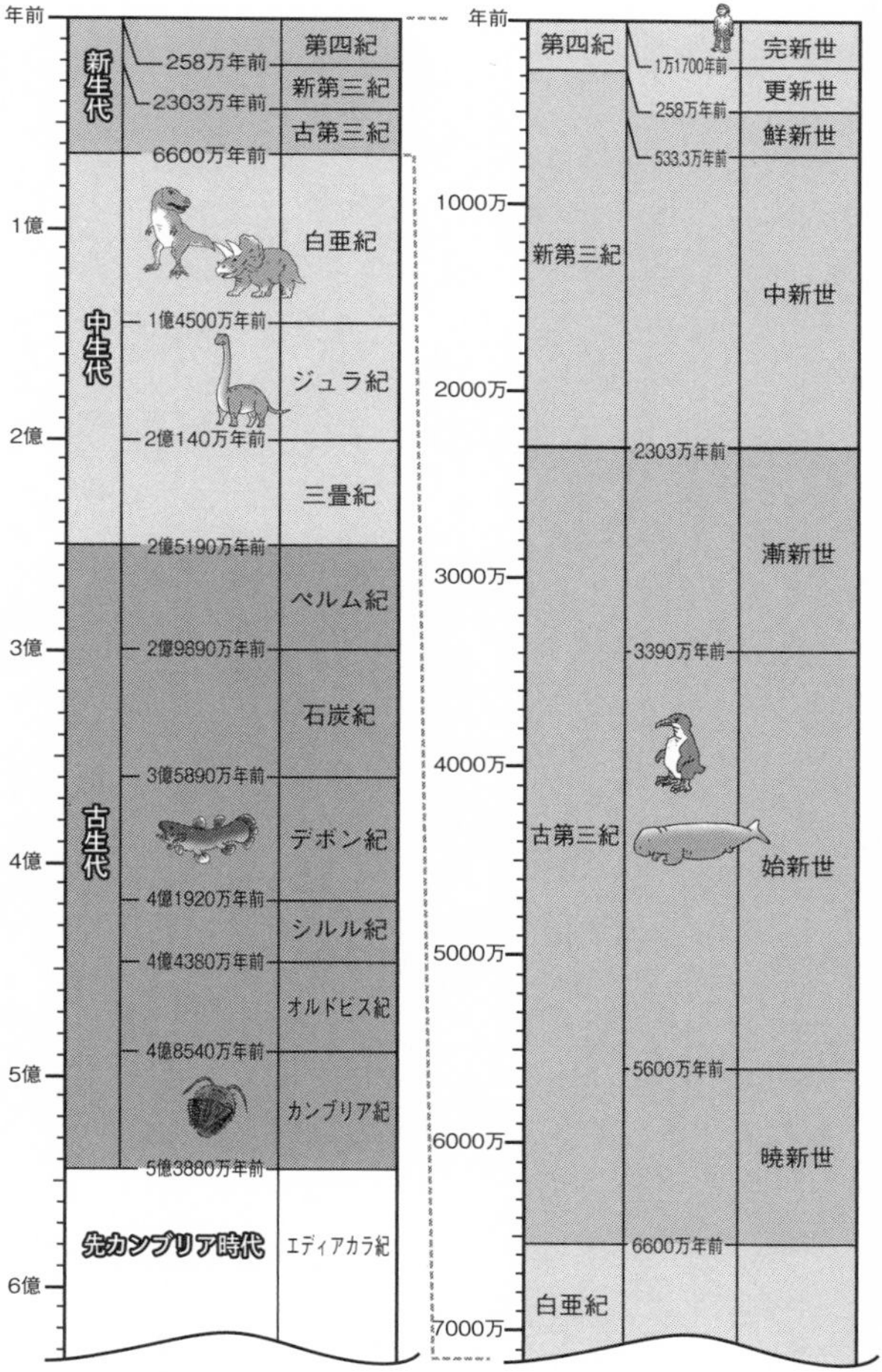

代	紀	境界（年前）
新生代	第四紀	258万年前
	新第三紀	2303万年前
	古第三紀	6600万年前
中生代	白亜紀	1億4500万年前
	ジュラ紀	2億140万年前
	三畳紀	2億5190万年前
古生代	ペルム紀	2億9890万年前
	石炭紀	3億5890万年前
	デボン紀	4億1920万年前
	シルル紀	4億4380万年前
	オルドビス紀	4億8540万年前
	カンブリア紀	5億3880万年前
先カンブリア時代	エディアカラ紀	

年前　1億　2億　3億　4億　5億　6億

紀	世	境界（年前）
第四紀	完新世	1万1700年前
	更新世	258万年前
新第三紀	鮮新世	533.3万年前
	中新世	2303万年前
古第三紀	漸新世	3390万年前
	始新世	5600万年前
	暁新世	6600万年前
白亜紀		

年前　1000万　2000万　3000万　4000万　5000万　6000万　7000万

地質年代表

あとがき

「泉さんの古生物学への愛を感じました」

初稿を読んだ担当編集の鶴見智佳子さんからの言葉です。

この言葉を聞いて、妙にしっくりきました。そうか、この本は私なりの古生物学へのラブレターだったのか、と。

私が古生物学の研究に携わって約15年が経ちます。大学四年生の卒業論文で、右も左もわからないまま山口県で初めての本格的なフィールドワークに行ったときのことは今でも鮮明に覚えています。

「いよいよ、夢への第一歩が始まるんだ」

古生物学者を目指していた私は、期待と不安が入り混じる気持ちでした。

その後、進学した大学院では修士課程を2年間、博士課程を3年間で修了。さらにポスドクと言われる任期付きの研究員約2年間を経て、千葉大学に着任しました。

ありがたいことに古生物学者になりたいという夢は叶い、今はこうして古生物学に関する本も書いています。古生物学者になるまでに要した年数だけを見ると、割とスムーズな部類に入ると思います。しかしその道のりは標準的ではなさそうです。

古生物学は地球科学の一分野なので、大半の古生物学者は大学からずっと地球科学系のコミュニティに在籍しています。私も大学〜大学院は地球科学系の所属でしたが、ポスドクでは生物系（国立環境研究所の生物・生態系環境研究センター）、そして大学教員としては教育学系（千葉大学の教育学部）の所属です。

今となっては、地球科学系以外の分野に身を置いている期間の方が長くなりました。

その期間は、古生物学に対する私の考え方をガラッと変えるのには十分過ぎました。例えば研究発表に対する質問は、地球科学系に身を置いていたらおそらく質問されないであろうものも多いです。そんな経験を繰り返すうちに、古生物学というのが化石に始まり化石に終わる、いわば閉じた学問のように思えてくるわけです。

化石や地層を主要な研究対象として生命進化や地球環境の歴史を明らかにすることを目指す学問が古生物学です……が、古生物学者たちはどこまで「本気で」それを明らかにしたいと思っているでしょうか？　化石の観察を通して古生物の生物学的側面や地層の形成環境を明らかにしていくのは、古生物学の花形です。しかしその際、本書の第二～三章でご紹介したようなバイアスや疑問点について本気で検討しているものは、かなり少ないように思います。「研究には型がある」とはよく言いますが、その型について深く考えることなく、ルーティン的に行われる研究も少なくないように感じます。

「古生物学は、このままでいいのだろうか？」

古生物学が「当たり前」でない環境に身を置いたからこそ、見えてきたのかもしれません。

学習図鑑がきっかけとなって太古の地球に魅了され、古生物学を志すようになりました。しかし時が経つうちに、化石や古生物そのものよりも、むしろ私は「古生物学すること」が好きなのだと気がつきました。

自宅にも研究室にも化石標本が陳列されているわけでもなく、古生物の生体想像図が飾られているわけでもありません。化石に囲まれている時間が至福の時間というわけでもないですが、その代わり「古生物学という学問」が好きで、そして「古生物学すること」にどっぷりと魅了されているのです。

だからこそ、この現状が本当に悔しいのです。今のままでは近い将来、古生物学が絶滅してしまいそうな気がしてならないのです。学問は文化ですから、学問の行為者（＝担い手）は人間です。学問としての古生物学が絶滅するとは、その担い手である古生物学者が絶滅するということに他なりません。「ロマンあふれる」表面以外の、絶望だらけでわからないことだらけの古生物学の研究現場は、同時に人間味にあふれていて伸びしろ満載なのです。古生物学は、多くの人が考えている以上に、面白いはずなのです。

本書の内容が古生物学の今後の方向性に対する「正解」なのかはわかりませんが、決して標準的ではないキャリアパスを経て辿(たど)り着けた現時点での私の古生物学観です。

古生物学に興味を持っている方へ。古生物学に対する考え方は、古生物学に携わっている人の数だけあります。本書の内容は、あくまで一つの考え方です。共感できる部分も、そうでない部分もあるかと思いますが、それでいいのだと思います。私自身も考え方は変わってきていますし、将来もまた変わるかもしれません。それにみんなが同じ考え方になる必要はありませんし、むしろ多様性が失われてしまえば、古生物学という学問の行く末は絶滅しかないのかもしれません。

古生物学に既に携わっている方へ。ここまで好き勝手に自論を展開してきました。自分自身へのブーメランになっていることも多々ありますし、もう引き返せません。今後もますます古生物学していく所存です。

これまで私の研究をサポートしてくださったすべての方へ。この場を借りて、最大限の感謝を申し上げます。古生物学者としての私を形作っているのは、間違いなくこれまでに行ってきた研究です。皆様のお力がなければ、古生物学者としての今はありません。

最後に、本書の執筆の機会をくださった筑摩書房の鶴見智佳子さんに、感謝申し上げます。暑苦しすぎる原稿を受け止めてくださり、ありがとうございました。

二〇二四年二月

泉　賢太郎

本文およびイラストの主な参考文献

【書籍】

1）マーク・ブキャナン（著）、水谷　淳（訳）、二〇〇九『歴史は「べき乗則」で動く』ハヤカワ文庫、387 p.

2）Foote, M., Miller, A.I., 2007, *Principles of Paleontology* (Third Edition), W.H. Freeman and Company, 354 p.

3）畠山哲央、姫岡優介、二〇二三『システム生物学入門』講談社、279 p.

4）廣瀬　敬、二〇二二『地球の中身』講談社ブルーバックス、310 p.

5）泉　賢太郎（著）、菊谷詩子（絵）、二〇二三『化石のきほん』誠文堂新光社、143 p.

6）川幡穂高、二〇〇八『海洋地球環境学』東京大学出版会、269 p.

7）川幡穂高、二〇一一『地球表層環境の進化』東京大学出版会、292 p.

8）木村　学、二〇一三『地質学の自然観』東京大学出版会、231 p.

9）栗原伸一、二〇一一『入門　統計学』オーム社、396 p.

10）McMahon, T.A., Bonner, J.T.（著）、木村武二、八杉貞雄、小川多恵子（訳）、二〇〇〇『生物の大きさとかたち』東京化学同人、252 p.

11）日本ベントス学会（編）、二〇〇三『海洋ベントスの生態学』東海大学出版会、459 p.

12）西村祐二郎ほか、二〇〇九『基礎地球科学』朝倉書店、232 p.

13）尾上哲治、二〇二三『大量絶滅はなぜ起きるのか』講談社ブルーバックス、254 p.
14）数研出版編集部（編）、二〇一六『もう一度読む 数研の高校地学』数研出版、400 p.（第4刷）
15）平 朝彦ほか、二〇〇一『地球進化論』岩波書店、529 p.

【学術論文】

16）Bailey, T.R. et al., 2003, *Earth and Planetary Science Letters*, 212, 307–320.
17）Briggs, D.E.G., Kear, A.J., 1993, *Science*, 259, 1439–1442.
18）Clements, T. et al., 2022, *Palaeontology*, 65, e12617.
19）Izumi, K. et al., 2018, *Earth and Planetary Science Letters*, 481, 162-170.
20）泉 賢太郎、佐藤武宏、2017a, b, *Bull. Kanagawa prefect. Mus.*（*Nat. Sci.*）, 46, 1-5（a）,63-70（b）.
21）Kemp, D.B. et al., 2005, *Nature Communications*, 6, 8890.
22）Kobayashi, Y. et al., 2019, *Scientific Reports*, 9, 12389.
23）Kondo, Y., 1987, *Trans. Proc. Palaeont. Soc. Japan*, 148, 306–323.
24）馬渕清資ほか、一九九二「日本機械学会論文集」58, 1068–1072.
25）McElwain, J.C. et al., 2005, *Nature*, 435, 479–482.
26）Nakada, K., Matsuoka, A., 2011, *Newsletters on Stratigraphy*, 44, 89–111.
27）Nakajima, K., Izumi, K., 2014, *Palaeogeography, Palaeoclimatology, Palaeoecology*, 414, 225–232.
28）Nishizawa, K., Izumi, K., 2023, *Palaeogeography, Palaeoclimatology, Palaeoecology*, 616, 111475.

29) 西澤　輝、香取慶則、二〇一三「理科教育学研究」63, 373-380.
30) 佐川拓也、二〇一〇「地質学雑誌」116, 63-84.
31) Tashiro, T. et al., 2017, *Nature*, 549, 516-518.
32) Trecalli, A. et al., 2012, *Earth and Planetary Science Letters*, 357-358, 214-225.
33) Yoshida, H. et al., 2018, *Scientific Reports*, 8, 6308.

【ウェブサイト、オンライン記事など】

34) 福原達人氏（福岡教育大学　教育学部　理科・生物学）　https://staff.fukuoka-edu.ac.jp/fukuhara/zuhyou/bd_data3.html
35) 環境省『平成20年版　環境／循環型社会白書』　https://www.env.go.jp/policy/hakusyo/h20/html/hj08020601.html
36) 環境省『平成25年版　環境・循環型社会・生物多様性白書』　https://www.env.go.jp/policy/hakusyo/h25/html/hj13020201.html
37) 高知大学理工学部海洋生物学研究室　https://www.kochi-u.ac.jp/w3museum/Fish_Labo/Member/Endoh/animal_taxonomy/species_diversity.html
38) 国立科学博物館　https://www.kahaku.go.jp/exhibitions/old/index.html
39) 国立環境研究所「環境展望台」　https://tenbou.nies.go.jp/learning/note/theme2_1.html
40) 文部科学省「資源調査分科会（19回）」の配付資料や付属資料　https://www.mext.go.jp/b_menu/

shingi/gijyutu/gijyutu3/shiryo/attach/1287193.htm
41）ナショナルジオグラフィック日本版サイト　https://natgeo.nikkeibp.co.jp/atcl/news/20/121100731/
42）日本地質学会　https://geosociety.jp/name/content0062.html
43）日本学術振興会　https://www.jsps.go.jp/j-grantsinaid/02_koubo/shinsakubun.html
44）日本植物生理学会　https://jspp.org/hiroba/q_and_a/
45）新潟大学大学院自然科学研究科物質生産棟の展示「自然史のパッセージ」　https://geo.sc.niigata-u.ac.jp/~passage/q/6.html
46）ポータルサイト「生命医学をハックする」　https://biomedicalhacks.com/2020-11-25/ecoli-size/
47）東京薬科大学生命科学部　https://www.toyaku.ac.jp/lifescience/departments/applife/knowledge/article-028.html